专用于国家职业技能鉴定

国家职业资格培训教程

铀浓缩级联操作工

（基础知识）

中国核工业集团有限公司人力资源部
中国原子能工业有限公司
组织编写

中国原子能出版社

图书在版编目(CIP)数据

铀浓缩级联操作工. 基础知识/中国核工业集团有限公司人力资源部,中国原子能工业有限公司组织编写. —北京:中国原子能出版社,2019.12
国家职业资格培训教程
ISBN 978-7-5221-0421-8

Ⅰ. ①铀… Ⅱ. ①中…②中… Ⅲ. ①铀浓缩物-级联-操作-技术培训-教材 Ⅳ. ①TL212.3

中国版本图书馆 CIP 数据核字(2019)第 299245 号

铀浓缩级联操作工(基础知识)

出版发行	中国原子能出版社(北京市海淀区阜成路 43 号 100048)
责任编辑	王 朋
装帧设计	赵 杰
责任校对	冯莲凤
责任印制	潘玉玲
印　　刷	保定市中画美凯印刷有限公司
经　　销	全国新华书店
开　　本	787 mm×1092 mm 1/16
印　　张	6.25
字　　数	156 千字
版　　次	2019 年 12 月第 1 版 2019 年 12 月第 1 次印刷
书　　号	ISBN 978-7-5221-0421-8 **定 价 36.00 元**

网址:http://www.aep.com.cn **E-mail:atomep123@126.com**
发行电话:010-68452845

国家职业资格培训教程

铀浓缩级联操作工
（基础知识）

编审委员会

主　编　陈聚才

编　者　王君平　邱　兵　刘中华　陈　平
张　锐

主　审　于金光

审　者　刘玉山　贾荫丰　张敏谦　刘伟民
何国银　冯　昭

前　言

为推动核行业特有职业技能培训和职业技能鉴定工作的开展，在核行业特有职业从业人员中推行国家职业资格证书制度，在人力资源和社会保障部的指导下，中国核工业集团有限公司人力资源部组织有关专家编写了《国家职业资格培训教程——铀浓缩级联操作工》(以下简称《教程》)。

《教程》以国家职业标准为依据，内容上力求体现"以职业活动为导向，以职业技能为核心"的指导思想，紧密结合实际工作需要，注重突出职业培训特色；结构上针对本职业的职业活动的领域，按照模块化的方式，分为初级、中级、高级、技师、高级技师五个等级进行编写的。《教程》中的章对应于职业标准的"职业功能"，节对应"工作内容"；每节包括"学习目标""级联操作""工艺操作"及"自检"等单元，涵盖了职业标准中的"技能要求"和"相关知识"的基本内容。此外，针对职业标准中的"基本要求"，还专门编写了《铀浓缩级联操作工(基础知识)》一书，内容涉及：职业道德、专业基础知识、安全文明生产与环境保护知识、质量管理知识和相关法律、法规知识等。

《教程》适用于铀浓缩级联操作工的初级、中级、高级、技师、高级技师培训，是铀浓缩级联操作工职业技能鉴定的指定辅导用书。

《教程》由陈聚才、王君平、邱兵、刘中华、陈平、张锐等编写，由于金光、刘玉山、贾荫丰、张敏谦、刘伟民、何国银、冯昭审核。中核兰州铀浓缩有限公司承担了本《教程》的编写工作。编写过程中也得到了中核陕西铀浓缩有限公司和四川红华实业有限公司等相关单位的大力支持。

由于编者水平有限，时间仓促，加之科学技术的发展，教材中不足与错误之处在所难免，欢迎提出宝贵意见和建议。

中国核工业集团有限公司人力资源部
中国原子能工业有限公司

前 言

目　　录

第一章　铀浓缩级联操作工职业道德……………………………………………………… 1
第二章　专业基础知识……………………………………………………………………… 3
　第一节　机械制图……………………………………………………………………… 3
　第二节　辐射防护基础知识…………………………………………………………… 7
　第三节　工业安全知识 ……………………………………………………………… 14
　第四节　设备基础知识 ……………………………………………………………… 20
第三章　安全文明生产与环境保护知识 ……………………………………………… 49
　第一节　核安全文化要求 …………………………………………………………… 49
　第二节　安全生产与劳动保护知识 ………………………………………………… 52
　第三节　环境保护知识 ……………………………………………………………… 60
　第四节　消防安全知识 ……………………………………………………………… 64
第四章　培训和质量管理知识 ………………………………………………………… 75
　第一节　培训知识 …………………………………………………………………… 75
　第二节　质量管理 …………………………………………………………………… 79
第五章　相关法律、法规知识…………………………………………………………… 86
　第一节　《中华人民共和国劳动法》相关知识 …………………………………… 86
　第二节　《中华人民共和国安全生产法》相关知识 ……………………………… 87
　第三节　《中华人民共和国环境保护法》相关知识 ……………………………… 88
　第四节　《中华人民共和国放射性污染防治法》相关知识 ……………………… 89
　第五节　核安全法规相关知识 ……………………………………………………… 90

目录

第一章　铀浓缩级联操作工职业道德

学习目标：通过本部分的学习，使学员掌握职业道德基本知识和基本规范、铀浓缩级联操作工职业守则等相关知识，树立良好的职业道德观念。

一、职业道德基本知识

1．职业道德的基本概念

职业道德是社会道德要求在职业行为和职业关系中的具体表现，是整个社会道德生活的重要组成部分。职业道德就是从事一定职业的人们在工作或劳动过程中所应该遵守的、与其职业活动紧密联系的道德规范和原则的总和。职业道德的内容包括职业道德意识、职业道德守则、职业道德行为规范以及职业道德培养、职业道德品质等。

职业道德反映着某种职业的特殊要求。它是人们履行本职工作的时候，从思想到行动应该遵守的准则，同时也是各个行业在道德方面对社会应尽的责任和义务。

2．职业道德的意义

首先，有利于推动社会主义物质文明和精神文明建设。从事职业活动的人们自觉遵守职业道德，将规范人们的职业活动和行为，可以极大程度地推动整个社会的物质创造活动。同时，良好的职业道德创造良好的社会秩序，提高人们的思想境界，为树立良好的社会道德风尚奠定了坚实基础，促进了社会主义精神文明建设。

其次，有利于行业、企业建设和发展。行业的从业人员遵守职业道德，对行业的发展影响巨大，不断提高行业的道德标准，将是行业自身建设和发展的客观要求。促进企业经营管理、提高经济效益需要充分发挥企业中每个职工的劳动积极性、能动性。这要求广大职工自觉遵守职业道德，从思想和行动上全身心投入工作，产生对企业的凝聚力和推动力。职业道德还可以保障企业的发展按照正常的轨道前进，使企业获得良好的经济效益和社会效益。

最后，有利于个人的提高和发展。从业人员应该树立良好的职业道德，遵守职业守则，安心本职工作，勤奋钻研本职业务，才能提高自身的职业能力和素质。在市场经济条件下，高素质的劳动者向高效益的企业流动，是社会发展的必然趋势。只有树立良好的职业道德，不断提高职业技能，劳动者才能够在劳动市场优胜劣汰的竞争中立于不败之地。

3．职业道德的特点

(1) 职业道德是社会主义道德体系的重要组成部分。每个人的职业与国家、人民、社会的利益密切相关，每个工作岗位、每一次职业行为，都包含着如何处理个人与国家、个人与集体关系的问题。

(2) 职业道德的重要内容是树立全新的社会主义劳动态度。职业道德的本质就是在社会主义市场经济条件下，鼓励每个劳动者通过诚实的劳动，在改善自己生活的同时，为增进社会主义共同利益而劳动，为建设国家而劳动。

二、职业道德的基本规范

1. 爱岗敬业,忠于职守

任何一种道德都从一定的社会责任出发。在个人履行对社会责任的过程中,培养相应的社会责任感,从长期的良好行为和规范中建立起个人的道德。因此,职业道德首先要从爱岗敬业、忠于职守的职业行为规范开始。爱岗敬业就是提倡“干一行,爱一行”的精神。忠于职守,就是要把自己职业范围内的工作做好,合乎质量标准和规范要求,能够完成应承担的任务。

2. 诚实守信,办事公道

信誉是企业在市场经济中赖以生存的重要依据,而良好的产品质量和服务是企业信誉的基础。企业的员工必须在职业活动中以诚实守信的职业态度,为企业、社会创造优质的产品,提供优质的服务。办事公道是指在利益关系中正确地处理好国家、企业、职工个人、他人(消费者)的利益关系。要始终以国家、人民的利益为最高原则,以社会主义事业利益为最高原则,不徇私情,不谋私利,维护国家、人民的利益。在工作中,要以处理好企业和个人的利益关系,做到个人服从集体,保证个人利益和集体利益相统一。

3. 服务群众,奉献社会

在社会主义社会,每个人都有权利享受他人的职业服务,同时每个人也都承担为他人提供职业服务、为社会做奉献的义务。企业就是在为社会、为大众努力创造丰富的物质环境、提供优质的产品和服务,而企业中工作的每个人从事的工作也是为这个目标努力。

4. 遵纪守法,廉洁奉公

法律法规、政策和各种规章制度,都是按照事物发展的规律制定出来的约束人的行为规范。从事职业活动的人,既要遵守国家的法律法规和政策,又要自觉遵守和职业活动、行为有关的制度和纪律,如安全操作规程、劳动纪律,才能很好地履行岗位职责,完成企业分配的任务。廉洁奉公强调的是要求从业人员公私分明,不损害国家和集体的利益,不在自己的工作岗位上谋取私利,这也是每个人应该具备的基本道德品质。

三、铀浓缩级联操作工职业守则

1. 遵守国家法律、法规、政策和企业的有关规章制度。
2. 爱岗敬业,忠于职守,认真、自觉地履行各项职责。
3. 工作认真负责,严于律己,吃苦耐劳。
4. 刻苦钻研业务,重视岗位技能训练,认真学习专业知识,努力提高素质。
5. 谦虚谨慎,团结合作,主动配合工作。
6. 严格执行级联操作工岗位规程,重视安全生产,保证产品质量。
7. 坚持文明生产,创造一个清洁、文明、适宜的工作环境,塑造良好的企业形象。

第二章　专业基础知识

学习目标：通过本部分的学习，使学员掌握机械制图、辐射防护基础知识、工业安全知识、机械设备基础知识等。

第一节　机械制图

对于铀浓缩生产级联操作工来讲，正确识读和绘制零部件简图、设备原理图、工艺线路图是非常重要的，这直接关系到他们操作的正确性。本节介绍简单的识绘图知识，包括机械制图基础知识、工艺线路图符等。

一、机械制图基础知识

机械图样是设计和生产过程中的重要技术资料和主要依据，为方便技术交流，对图样进行科学管理，国家制定并颁布了一系列有关机械制图与技术制图的国家标准，简称“国标”。国标代号为“GB”（“GB/T”为推荐性国标），字母后面的两组数字，分别表示标准顺序号和标准批准的年份。例如“GB/T 17451—1998 技术制图 图样画法 视图”表示图样画法的视图部分，顺序号为 17451，批准年份为 1998 年。

（一）图纸幅面的规定（GB/T 14689—2008）

图纸按幅面分为 A0～A4，基本幅面尺寸如表 2-1 所示。

表 2-1　基本幅面尺寸　　mm

幅面代号	A0	A1	A2	A3	A4
尺寸	841×1 189	594×841	420×594	297×420	210×297

（二）标题栏的位置和格式

GB/T 10609.1—2008《技术制图　标题栏》规定了两种格式，包括下列内容：零件的名称、制图者姓名、制图日期、制图的比例、图号、审核者姓名、审核日期等，如图 2-1 所示。

（三）字体（GB/T 14691—1993）

1. 汉字

图样中的汉字应采用长仿宋体，字的大小应按字号规定，字体号数代表字体的高度。高度尺寸为 1.8 mm、2.5 mm、3.5 mm、5 mm、7 mm、10 mm、14 mm 和 20 mm，写汉字时字号不能小于 3.5。字宽一般为 $h/1.414$（h 为字高）。

长仿宋体汉字书写的特点：横平竖直、起落有锋、粗细一致、结构匀称。

图 2-2 所示是汉字书写示例。

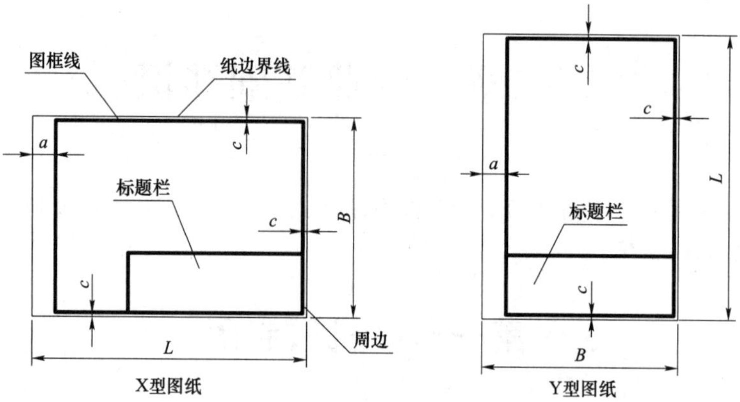

图 2-1 标题栏的位置

字体工整笔画清楚间隔均匀排列整齐

横平竖直注意起落结构均匀填满方格

技术制图机械电子汽车航船土木建筑矿山井坑港口纺织服装

图 2-2 汉字书写示例

2. 字母和数字

在图样中,字母和数字可写成斜体或直体,斜体字字头向右倾斜,与水平基准线 75°。字母和数字一般写成斜体。字母和数字分 A 型和 B 型,B 型的笔画宽度比 A 型宽,我国采用 B 型。用作指数、分数、极限偏差、注角的数字及字母,一般应采用小一号字体。图 2-3 所示是字母和数字书写示例。

ABCDEFGHIJKLMNOPQRSTUVWXYZ

abcdefghijklmnopqrstuv

wxyz

0123456789

图 2-3 字母和数字书写示例

(四)图线画法

绘制图样时,所采用的各种线型及其应用场合应符合国标的规定。表 2-2 中列出了 8 种线型及其应用(GB/T 4457.4—2002)。图线分粗、细两种,粗线的宽度 b 应按照图的大小及复杂程度,在 0.5～2 mm 之间选择,细线的宽度约为 $b/2$。图线宽度的推荐系列为:0.18 mm、0.25 mm、0.35 mm、0.5 mm、0.7 mm、1 mm、1.4 mm 和 2 mm。

绘图时，图线的画法有如下要求：

1. 同一图样中，同类图线的宽度应基本一致。虚线、点画线及双点画线的线段长度和间隔应各自大致相等。

2. 两条平行线（包括剖面线）之间的距离应不小于粗实线的两倍宽度，其最小距离不得小于 0.7 mm。

3. 绘制圆的对称中心线时，圆心应为线段的交点。

4. 在较小的图形上绘制点画线或双点画线有困难时，可用细实线代替。

5. 点画线、虚线以及其他图线相交时，都应在线段处相交，不应在空隙处或短画处相交。当虚线成为实线的延长线时，在虚、实线的连接处，虚线应留出空隙。

表 2-2　线型及应用

代号	线　型		名称	应　用
01	实线		粗实线	1. 可见轮廓线 2. 表示剖切面起讫的剖切符号
			细实线	1. 尺寸线及尺寸界线 2. 剖面线 3. 指引线 4. 重合断面轮廓线
			波浪线	1. 断裂处边界线 2. 视图和剖视图分界线
			双折线	断裂处边界线
02	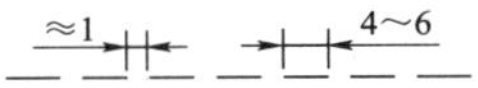		虚线	不可见轮廓线
10	点画线	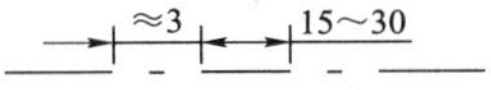	细点画线	1. 轴线 2. 对称中心线 3. 剖切线
			粗点画线	有特殊要求的线或表面的表示线条
12	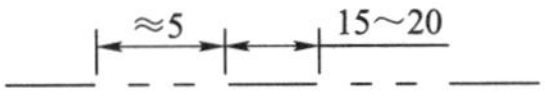		双点画线	1. 相邻辅助零件轮廓线 2. 极限轮廓线 3. 假想投影轮廓线

6. 点画线和双点画线中的“点”应画成约 1 mm 的短画线，点画线和双点画线的首尾两端应是线段而不是短划。

7. 轴线、对称中心线、双折线和作为中断处的双点画线，应超出轮廓线 2～5 mm。

（五）尺寸注法基本规则

1. 机件的真实大小应以图样上所注的尺寸数值为依据，与图形的大小及绘图的准确度无关。

2. 图样中（包括技术要求和其他说明）的尺寸，一般以毫米为单位。以毫米为单位时，不注计量单位的代号或名称，如采用其他单位，则必须注明相应的计量单位的代号或名称。

3. 图样中所标注的尺寸，为该图样所表示机件的最后完工尺寸，否则应另加说明。

4. 机件的每一尺寸，一般只标注一次，并应标注在反映该结构最清晰的图形上。

完整的尺寸标注包含下列四个要素：尺寸界限、尺寸线、尺寸数字和终端(箭头)。

(1) 尺寸界线表示所注尺寸的起始和终止位置，用细实线绘制，并应由图形的轮廓线、轴线或对称中心线处引出。也可利用轮廓线、轴线或对称中心线本身作尺寸界线。尺寸界线一般应与尺寸线垂直，并超出尺寸线 2 mm 左右。特别需要时，尺寸界线可画成与尺寸线成适当的角度，此时尺寸界线尽可能画成与尺寸线成 60°。

(2) 尺寸线表示所注尺寸的范围，用细实线绘制。尺寸线不能用其他图线代替，不得与其他图线重合或画在其延长线上，并应尽量避免尺寸线之间及尺寸线与尺寸界线相交。标注线性尺寸时，尺寸线必须与所标注的线段平行，相互平行的尺寸线小尺寸在内，大尺寸在外，依次排列整齐。并且各尺寸线的间距要均匀，间隔应大于 5 mm，以便注写尺寸数字和有关符号。

(3) 尺寸线终端有两种形式：箭头和细斜线。机械图样一般用箭头形式，箭头尖端与尺寸界线接触，不得超出也不得离开。当尺寸线太短，没有足够的位置画箭头时，允许将箭头画在尺寸线外边；标注连续的小尺寸时可用圆点代替箭头。

(4) 尺寸数字表示所注尺寸的数值。尺寸数字一般应写在尺寸线的上方，当尺寸线为垂直方向时，应注写在尺寸线的左方，也允许注写在尺寸线的中断处。角度的尺寸界线应沿径向引出，尺寸线是以角的顶点为圆心画出的圆弧线。角度的数字应水平书写，一般注写在尺寸线的中断处，必要时也可写在尺寸线的上方或外侧。角度较小时也可以用指引线引出标注。角度尺寸必须注出单位。标注圆及圆弧的尺寸时，一般可将轮廓线作为尺寸界线，尺寸线或其延长线要通过圆心。大于半圆的圆弧标注直径，在尺寸数字前加注符号“Φ”，小于和等于半圆的圆弧标注半径，在尺寸数字前加注符号“R”。没有足够的空位时，尺寸数字也可写在尺寸界线的外侧或引出标注。

5. 标注尺寸时应注意：

(1) 尺寸数字：在同一张图上基本尺寸的字高要一致，一般采用 3.5 号字，不能根据数值的大小而改变字符的大小，字符间隔要均匀，字体应严格按 GB 规定书写。

(2) 箭头：在同一张图上箭头的大小应一致，机械图样中箭头一般为闭合的实心箭头。

(3) 尺寸线：互相平行的尺寸线间距要相等，尽量避免尺寸线相交。

二、投影基础知识

投影问题是空间问题的平面化，即利用简单的二维平面问题解决复杂的三维空间问题，了解和掌握两者之间的规律和方法，从而正确地表达空间形体。在投影面上做出几何要素或形体的投影，以反映其形状、大小和其他对于关系的方法称为投影法。投影法分为中心投影法和平行投影法两类。平行投影法分为正投影法和斜投影法两种。

为了确定形体的空间位置，通常用三面投影体系的平面来表示。图 2-4 表示了一个点 A 在互相垂直的三个投影面上的投影情况。将水平投影面和侧面投影面向正面投影面展开即可得到图 2-5 所示的图形，即通常所说的三视图：在正面投影面上的投影 a' 称为主视图，在水平投影面上的投影 a 称为俯视图，在侧面投影面上的投影 a'' 称为左视图。三视图的投影基本规律是：主视图与俯视图，长对正；主视图与左视图，高平齐；俯视图与左视图，宽相等，即通常所说的长对正、高平齐、宽相等。

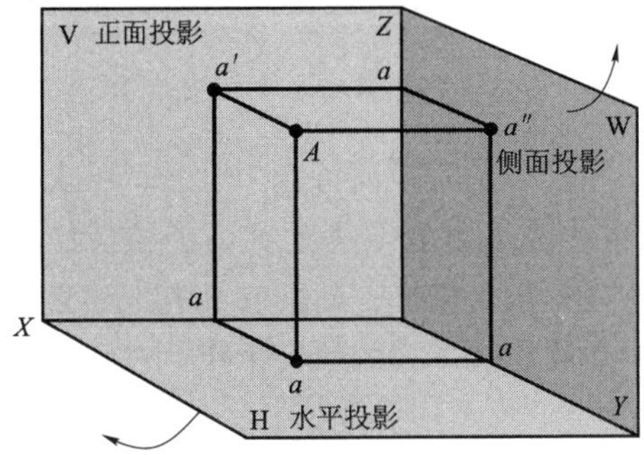

图 2-4　点 A 在互相垂直的三个投影面上的投影

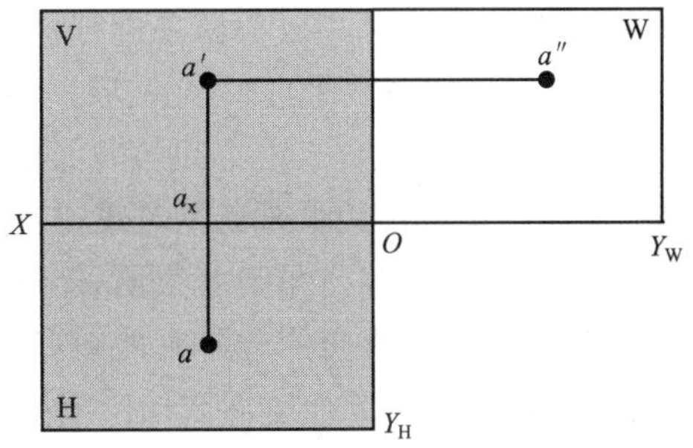

图 2-5　点 A 在三面体系中的投影

机械制图常用软件是 AutoCAD，关于这个软件的使用方法有很多资料介绍，但它仍遵循机械制图的基本规律和要求。

第二节　辐射防护基础知识

一、核反应基本知识

核衰变是不稳定的原子核自发发生的转变，转变的方向总是朝着稳定的原子核的方向发展，最后变成稳定的原子核。另一方面，稳定的原子核也可以转变为不稳定的原子核，只是不能自发产生，而是通过核反应才能形成。

原子核与原子核，或者原子核与其他粒子（例如中子、γ 光子等）之间的相互作用所引起的各种变化叫做核反应。各式各样的核反应是产生不稳定原子核的最根本的原因。

核反应过程对原子核内部结构的扰动以及所牵涉的能量变化一般要比核衰变过程大得多。例如，核衰变只涉及低激发能级，通常在 3～4 MeV 以下，这是衰变核谱学的一个局限性。核反应涉及的能级可以很高，通常在一个核子的分离能以上，甚至高达几百 MeV 以上。核反应谱学是研究高激发能级的重要手段。核反应产生的现象丰富多彩，光是轻子引起的核反应就有几千种，因而核反应可在更广泛的范围内对原子核进行研究。此外，核反应是获得原子能和放射性核的重要途径，对它的研究具有很大的实际意义。

（一）核反应的概况

1. 实现核反应的途径

要使核反应过程能够发生，原子核或其他粒子（如中子、γ 光子等）必须足够接近另一原子核，一般须达到核力的作用范围之内，即小于 10^{-12} cm 的数量级。实现这一条件可以通过以下三个途径：

（1）用放射源产生的高速粒子去轰击原子核

这种方法有明显的缺点，首先是入射粒子的强度不大，产生核反应的机会很小；其次是能量不高，一般入射粒子，除中性粒子外，要打中原子核，必须克服库仑势垒的阻挡，如果入射粒子的动能比库仑势垒低，那么如同 α 衰变情形一样，入射粒子只有通过隧道效应才能进入靶核，能量越低，穿透势垒的概率就越小，对于质量数 A 大于 40 左右的靶核，放射源放出的 α 粒子的动能已经小于库仑势垒了，因此反应概率将大大降低；另外放射源提供的入射粒子的种类是很有限的,要调节其能量的可能性也不大。入射粒子能量的可调对研究核反应是非常重要的,因此利用放射源来进行核反应目前已很少见了。

(2) 利用宇宙射线来进行核反应

宇宙射线是指来自宇宙空间的高能粒子,能量一般都很高,最高可达 10^{21} eV,用人工办法要产生这样高能量的粒子近期是难以实现的,用它作为入射粒子来研究高能核反应有可能发现一些新现象,缺点是强度很弱,能观测到核反应的机会极小。然而它具有上述独到之处的优点,人们一直在努力弥补它的缺点,做了不少高能物理方面的研究工作。

(3) 利用带电粒子加速器或核反应堆来进行核反应

这是实现人工核反应的主要的途径。它们能产生多种粒子,其能量和强度都比放射源所提供的大得多,而且大小可以调节,加速器和反应堆的出现大大推进了原子核物理的研究和原子能应用的开展。

2. 核反应的分类

核反应一般可表示为:

$$A + a \rightarrow B + b \tag{2-1}$$

式中 A 和 a 分别表示靶核和入射粒子,B 和 b 分别表示剩余核和出射粒子,简写为 A(a,b)B。

核反应按出射粒子的不同,可分为两大类,即核散射和核转变。

核散射是指出射粒子和入射粒子相同的核反应。核散射又分为弹性散射和非弹性散射两种。弹性散射是指散射前后系统的总动能相等,原子核的内部能量不发生变化,弹性散射的一般表示式是

$$A + a \rightarrow A + a \text{ 或 } A(a,a)A \tag{2-2}$$

非弹性散射是指散射前后系统的总动能不相等,原子核的内部能量要发生变化,最常见的非弹性散射是剩余核处于激发态的情形,它的一般表示式是

$$A + a \rightarrow A^{*} + a' \text{ 或 } A(a,a')A^{*} \tag{2-3}$$

核反应按入射粒子种类不同也可分为:中子核反应,带电粒子核反应,光核反应。

核反应按入射粒子能量 E 不同还可分为:低能核反应($E<50$ MeV),中能核反应(50 MeV$<E<$1 000 MeV),高能核反应($E>$1 000 MeV)。

核反应按靶核的质量数 A 的不同又可分为:轻核反应($A<25$),中量核反应($25<A<80$),重核反应($A>80$)。

3. 反应道

对于一定的入射粒子和靶核,能发生的核反应过程往往不止一种,对应于每一种核反应过程,称为一个反应道。反应前的道称为入射道,反应后的道称为出射道。对于同一个入射道可以有若干个出射道,同样对于同一个出射道也可以有若干个入射道。

产生各个反应道的概率是不等的,而且这几种概率随入射粒子能量的变化而不同。能量增大时,一般要增加出射道,对于一定的入射粒子和靶核,到底能产生哪些反应道,这与核反应机制和核结构等问题都有关,同时它要被一些守恒定律所约束。

4. 核反应中的守恒定律

大量实验表明,核反应过程主要遵守以下几个守恒定律:

——电荷守恒定律，即反应前后的总电荷数不变。

——质量数守恒定律，即反应前后的总质量数不变。

——能量守恒定律，即反应前后体系的总能量(静止能量和动能之和)不变。

——动量守恒定律，即反应前后体系的总动量不变。

——角动量守恒定律，即反应前后的总的角动量不变。

——宇称守恒定律，即对每一类型的核反应，体系总的宇称不变。

(二) 反应能

核反应过程中释放出的能量，称为反应能，通常用符号 Q 表示，因此，反应能就是反应后的动能减去反应前的动能，$Q>0$ 的反应叫做放能反应，$Q<0$ 的反应叫做吸能反应。

考虑反应能后，核反应得表示式为：

$$\mathrm{A}+\mathrm{a}\rightarrow\mathrm{B}+\mathrm{b}+Q \tag{2-4}$$

利用广义质量亏损，我们有：

$$Q=(M_{\mathrm{A}}+M_{\mathrm{a}}-M_{\mathrm{B}}-M_{\mathrm{b}})c^{2} \tag{2-5}$$

式中，M_{A}、M_{a}、M_{B}、M_{b}代表反应前后相应粒子的原子质量。

如果用反应前后粒子的结合能之差来表示反应能，则：

$$Q=B_{\mathrm{aA}}-B_{\mathrm{bB}} \tag{2-6}$$

式中，B_{aA}为粒子 a 与靶核 A 的结合能，B_{bB}为粒子 b 与剩余核 B 的结合能。

(三) 核反应截面

当一定能量的入射粒子轰击靶核时，可以发生各种类型的反应。每种反应都有一定的概率。为了便于对核反应过程进行理论分析以及实际应用的需要，我们希望找到一个实验上可以测量的，理论上能够计算的，便于实验与理论比较的物理量来描述反应概率的大小，因此引入反应截面的概念。

1. 反应截面

反应截面 σ 的物理意义是表示一个粒子入射到单位面积内含一个靶核的靶子所发生的反应概率，或者说表示一个入射粒子同单位面积靶上一个靶核发生反应的概率。反应截面 σ 的单位通常采用 $10^{-24}\ \mathrm{cm}^2$，称为“靶恩”，记作 barn 或 b。即 1 靶恩(b)$=10^{-24}\ \mathrm{cm}^2$，1 毫巴(mb)$=10^{-27}\ \mathrm{cm}^2$，1 微靶(μb)$=10^{-30}\ \mathrm{cm}^2$。

核反应中的各种截面均与入射粒子的能量有关。截面随入射粒子能量的变化关系称为激发函数，用此函数画成的曲线称为激发曲线。激发曲线的实验测量是核反应工作的一项主要任务，它在原子核理论研究和实际应用方面都是十分重要的。

2. 微分截面和角分布

在核反应中，常常使用微分截面，它能更细致地描述核反应的特征，而且在实验测量中通常是一个直接可得的量。微分截面 $\sigma(\theta,\Phi)$ 通常也用符号 $\frac{\mathrm{d}\sigma}{\mathrm{d}\Omega}$ 来标记，其中 dΩ 的单位是球面度，记作 sr，所以微分截面的单位是靶恩/球面度($\mathrm{b\cdot sr^{-1}}$)或毫靶/球面度($\mathrm{mb\cdot sr^{-1}}$)等。

微分截面是核反应中的一个重要的物理量。其原因是：它既可以由实验直接测定，也可以由理论推导得出，便于实验和理论进行比较。另外，要想从实验求得某种反应道的分截面，往往需要通过微分截面的测量，将测量结果对立体角积分而得该核反应道的分截面。通常这种分截面也叫积分截面。

对于一般的入射粒子和靶，微分截面对 Φ 角是各向同性的，因而 $\sigma(\theta,\Phi)$ 实际上只是 θ 的函数，即

$$\sigma = 2\pi \int_0^{\pi} \sigma(\theta) \sin\theta \mathrm{d}\theta \tag{2-7}$$

微分截面 $\sigma(\theta)$ 随 θ 的变化曲线称为角分布。

(四) 核反应产额

入射粒子在靶中引起的反应数与入射粒子数之比，称为核反应的产额。它是一个入射粒子在靶中引起反应的概率。显然，反应产额与反应截面有关。对确定的入射粒子与靶物质，截面越大产额也越多。但是，产额不像截面那样仅仅决定于反应过程的特点，而且和靶的厚度、纯度以及靶材料的物理状态等有关。所以，在很多实验场合，例如在放射性核素的制造和射线剂量的计算等工作中，都需要用到反应产额的概念。

(五) 核反应机制

1. 核反应过程的三阶段描述

在核反应机制理论发展的基础上，外斯柯夫(V. F. Weisskopf)于 1957 年对核反应过程提出了三阶段描述，它描绘了核反应过程的粗糙图像。

第一阶段。入射粒子接近靶核核场作用范围内，犹如光波射到一个半透明的玻璃球一样，可能发生两种情况：一是粒子进入靶核，被靶核吸收，好像玻璃球吸收了光波，这就引起核反应；二是粒子被靶核弹出来，好像光波遭到了玻璃球的反射和折射，这就是弹性散射。这两种过程广义上都叫做核反应。描述这一阶段的核反应模型称为光学模型。在这一阶段中，入射粒子在靶核核场中运动，保持相对独立性，所以通常叫做“独立粒子阶段”。

第二阶段。粒子被靶核吸收后，反应进入了第二阶段。在这一阶段中，粒子与靶核发生了能量交换，因而不再能看做是粒子在整个靶核作用下独立运动，而认为入射粒子和靶核形成了一个复合体系，所以叫做复合系统阶段。能量交换方式可以有如下几种。

(1) 入射粒子把能量交给靶核表面或体内的一个或几个核子使反应直接推向第三阶段。这种过程分别叫做表面直接作用和体内直接作用。

(2) 入射粒子也可能在核内碰撞多次再发射出来，这叫做多次碰撞。

(3) 入射粒子把部分能量交给靶核后飞出，这时靶核产生集体激发，引起核的集体转动、振动等，这叫做集体激发。以上几种统称为直接作用。直接作用过程中入射粒子在不同程度上保留了原有特性。

(4) 入射粒子与靶核经过很多次碰撞，不断损失能量，最后停留在核内，和靶核融为一体，形成一个中间过程的原子核，叫做复合核。因此，可以认为复合核已“忘记”了原来的入射粒子，即“忘记”了复合核是怎样形成的。

第三阶段是核反应的最后阶段。在这阶段中，复合系统分解成出射粒子和剩余核。显然，分解出的粒子也有可能与入射粒子相同，同时剩余核处于基态，这就是弹性散射。这种经过复合核的弹性散射称为复合核弹性散射。独立粒子阶段所形成的弹性散射称为形状弹性散射。

2. 两种核反应机制

由上面的讨论可以看到，核反应主要通过复合核和直接作用这两种机制进行。有些反

应也存在介于两种机制之间的过程。对于一个具体的反应，复合核过程和直接过程往往同时并存，但对于不同的入射粒子和靶核，不同的入射粒子能量，复合核截面和直接作用截面的相对大小是不同的。在某些情形，一种机制占压倒优势，以致在实验上观察不到两种反应机制的并存。两种机制各有特点。就作用时间而言，复合核过程通常比直接过程要长，复合核过程的时间可以长达 10^{-15} s，而直接过程的时间一般只有 $10^{-22}\sim10^{-20}$ s，与入射粒子直接穿过靶核的时间相当。两种机制的出射粒子能谱和角分布也是不同的。经过复合核发射的粒子能谱接近于麦克斯韦分布，角分布为各向同性或具有 90°对称性。通过直接过程发射的粒子具有一系列单值的能量，角分布既不具有各向同性，也不具有 90°对称性，往往是前倾或后倾的。以上这些特点是很主要的，在实验上可用来判断不同反应机制的类型，以及估计各种反应机制所占的比例。

二、辐射防护常识

（一）辐射对人有哪些影响

任何人都生活在放射性环境中，天空大地、山川草木、房屋建筑、粮食蔬菜，甚至人体本身都存在放射性，如表 2-3 所示。在这样的辐射水平长期照射下，对人类并未造成什么不良影响。但是过量辐射对人体可能造成危害。不同射线过量照射的危害是不同。如 α 射线，它的穿透力很低，只有吸入体内才能造成伤害。而 β 射线的大剂量照射可导致皮肤损伤，γ 射线或中子流等穿透力很强的辐射危害较大，一次大剂量全身照射可能引起急性辐射损伤或急性放射病。如表 2-4 所示。

表 2-3　生活辐射比较

类　别	辐射量
我国某些高本底地区	3.7 mSv/a
砖瓦房	0.75 mSv/a
宇宙射线	0.45 mSv/a
水、粮食、蔬菜、空气	0.25 mSv/a
土壤	0.15 mSv/a
坐飞机北京—欧洲往返一次	0.04 mSv/a
肺部透视一次	0.02 mSv/a
核电厂周围	0.01 mSv/a
核燃料生产厂周围	0.01 mSv/a

表 2-4　一次全身大剂量辐射照射对身体的影响

剂量当量水平	对人体的影响
小于 0.25 Sv	未观察到临床效应
0.25～0.5 Sv	可以引起血液的变化
0.5～1 Sv	血液发生变化且有一些损伤
1～2 Sv	损伤，并可能发生轻度急性放射病，容易治愈
2～4 Sv	明显损伤，能引起中度急性放射病，能治愈

续表

剂量当量水平	对人体的影响
4～5 Sv	能引起重度急性放射病,虽经治疗受照者有50%可能在30天内死亡,其余50%能恢复
大于6 Sv	引起极重度放射病,可能因此而死亡

(二) UF_6对人体健康的危害

在铀浓缩生产中,UF_6、HF及其他一些工作物质对人体健康具有一定的危害性。UF_6对人体健康的危害包括化学毒性和放射性两个方面,UF_6中的铀对人体产生放射性危害,氟对人体产生化学毒性危害,其中化学毒性的直接危害远比放射性危害严重;HF对人体健康的危害只有化学毒性一方面。

1. UF_6及其生成物的化学毒性

UF_6从容器或其他设备中外泄造成危害,是因为它与空气中的水发生水解反应生成的HF和UO_2F_2经呼吸器官或口腔进入人体而造成的。此外,皮肤接触UF_6或HF也会因其腐蚀性而导致灼伤。由于空气中的水份有限,如果外泄的UF_6气体较多,则可能未经水解而直接被人体摄入。这时,水解反应将在人体器官的表面组织上进行,从而造成更大的危害。

据国际原子能机构(IAEA)提供的资料,可溶性铀的摄入量低于0.03 mgU/(kg体重)是安全的;当这个数值达到0.058时,其化学毒性,主要是其重金属毒性反应,可造成肾损害;达到1.63时,有50%的致死可能。即使在此剂量下,其放射性对人体的急性危害尚不明显。

HF对人体的危害与HF在空气中的含量有关。长期工作在可能受HF沾污的场所中的人员,如果空气中的HF浓度低于2.0 mg/m^3,则被认为是安全的;如果HF的浓度达到5.0 mg/m^3,则暴露时间大于15分钟就可能造成对健康的损害。对于一次性突发沾污事故,在进入沾污区处理事故时,当浓度达到13.3 mg/m^3时,允许暴露时间为10分钟;如果超过30分钟,对人体会有急性的健康损害。HF主要危害呼吸系统,表现形式为肺炎或肺水肿。

2. UF_6的放射性危害

UF_6的放射性与多种因素有关,包括:铀的来源,天然铀或后处理的铀;^{235}U的丰度;生产以来的时间;放射性杂质的性质和含量。

天然铀生产的UF_6的放射性主要取决于^{235}U的丰度。未经浓缩的天然铀的放射性比活度为2.6×10^4 Bq/gU(贝克/克铀)。其中同位素^{234}U和^{235}U各占一半。对于浓缩铀,由于在浓缩过程中,^{234}U因原子量小而使其富集程度高于^{235}U,在放射性份额中渐成主角。当^{235}U的丰度为5%时,产品中的放射性有80%来自^{234}U。值得注意的是,铀衰变产物中含有一些具有强贯穿性的β和γ射线的核素。它们形成不挥发的化合物残留在UF_6的容器中。因此,在倒空的容器中,由于这些物质的富集,又没有了大量UF_6的屏蔽和吸收作用,其γ射线的水平会比满料容器大得多,而且其最高的辐射水平发生在容器刚刚倒空的时刻,随后很快衰减。

应当指出,对于在UF_6容器附近工作的人员的辐射照射,在通常的工作时间和工作距离条件下是安全的，不需要特殊的防护措施。

对于后处理生产的UF_6，除了^{235}U、^{238}U和^{234}U以外，还有多种其他核素，包括：

——其他铀同位素：^{232}U，^{233}U，^{236}U，^{237}U；

——由铀核转变产生的核素：^{237}Np、^{239}Pu；

——裂变杂质：^{106}Ru、^{99}Tc；

——衰变子体：^{228}Th、^{208}Tl等等。

这些核素中，有些半衰期较短，如^{237}U，只有6.75天，会在处理过程中蜕变殆尽。有些如Pu和Np，因其氟化物的稳定性差，在UF_6的生产过程中可以除去。最值得注意的还是^{234}U，它在后处理UF_6中的放射性地位更加突出。前面已经提到，^{234}U在铀浓缩中比^{235}U富集的更快，而在反应堆中，它的消耗量仅为^{235}U的一半。结果是在后处理UF_6的浓缩产品中，^{234}U成为起决定性因素的放射性来源。因此，对于不同来源的UF_6的浓缩产品，对其中的^{234}U的含量规定了允许的限值，以保证放射性安全。

3. 生产过程中的核临界安全

裂变核素如^{235}U之所以成为核能源，是因为它在一定条件下能发生自持中子链式反应（核临界反应）。产生自持链式反应的最小质量叫做临界质量。由于裂变物质超过临界质量而引起的事故叫做临界事故。发生临界事故时，将放射出大量的射线而造成严重的放射性污染。

裂变链靠中子得以持续，因此，裂变材料在生产、包装和运输中必须遵照专门设计的条件，把中子的行为控制在确保次临界状态，以保证临界安全。裂变材料自发裂变产生的中子有三种前途：

（1）中子进入可裂变核，继续产生核裂变；

（2）中子被其他材料吸收或被可裂变核吸收但不发生裂变；

（3）中子从系统中泄漏掉。

控制了中子的前途，就控制了临界事件。裂变材料的几何形状，包括单个包装的形状和各个包装间的相对位置，决定了中子泄漏的情况。因为从一个包装中泄漏出来的中子，可以进入另一个包装而导致核裂变。如，在低浓产品存放时，按照$2D$和$3D$的原则进行存放：容器之间的距离大于容器直径的2倍；容器排与排之间的距离大于容器直径的3倍。中子的吸收和慢化是控制临界的另一个重要因素。^{235}U核裂变产生的中子能量较高，称为快中子，它比较容易被其他核素如大量存在的^{238}U吸收，从而阻遏临界。如果存在中子慢化剂如氢核，中子与氢核碰撞会使其自身的能量降低而成为热中子，比较容易被^{235}U俘获，发生核裂变。所以，当核裂变材料中含有氢时（如其水溶液），对氢-铀原子比率的控制是保证次临界极其重要的条件。当铀的聚集超过临界质量就会引起链式反应，即临界，所以在分离过程中一定要防止漏水。

国际通用的30B容器，用来盛装^{235}U丰度5%以下的UF_6产品，在设计时全面考虑了诸如几何形状、中子慢化等因素。只要不使大量的含氢物质如水进入产品容器，不会出现临界安全问题。

第三节 工业安全知识

一、安全管理的法规和标准

1. 概述

“安全第一，预防为主”是我国安全工作的指导方针。其中心思想是安全是生产活动的基础。对核设施来说，《中华人民共和国民用核设施安全监督管理条例》(HAF0500)第三条规定：民用核设施的选址、设计、建造和退役必须贯彻安全第一的方针。就电力部门而言，《电业安全工作规程》第二条指出，必须“坚决贯彻电力生产安全第一的方针”。

在贯彻“安全第一”方针的时候，应该以人为中心，即把人的安全放在第一位，把人的行为管理放在第一位。这是因为：

(1) 人的健康、人的生命是最宝贵的。人是生产力的第一要素，一切物质财富都是通过人创造的。

(2) 人是安全管理中最活跃、最难控制、最关键的因素。如果保证了人的行为的安全，基本上也就保证了财产的安全。换句话说，安全管理的成功表现为对人的不安全行为成功地控制。

在实际工作中，那些只管抢进度、抓效益而忽视人身安全的行为都是错误的，是和“安全第一”的方针背道而驰的。

2. 国家制定的法律、法规

安全生产是我国的一项重要政策，也是企业管理的一项基本原则。我国历来对安全生产和安全管理十分重视，并把安全管理纳入法制的轨道，即我们有安全生产的法律、法规。安全生产的法规所调整的是社会生产中人-机-环境系统的相互关系。

安全生产法规包括两类法律关系：一类是公民和单位之间关于保护公民人身安全和生产安全的法律关系；另一类是有关国家或社会团体与公民或单位之间因监督、检查安全生产的法规执行情况而发生的法律关系。

除国家颁布的综合性法规外，各产业系统根据各个行业的生产特点和具体情况，制定了本系统关于安全生产的部颁规程、规定、条例等。这些法规同样是安全生产法规体系的重要组成部分，如电力工业部颁布的《电业安全工作规程》。

3. 国家制定的技术法规和技术标准

安全生产立法除制定法律和行政法规、条例外，还必须制定与这些法律、法规、条例相适应的技术法规和标准。安全生产的国家法律、行政法规是技术法规和技术标准的依据，技术法规和标准是实现国家法律和行政法规的具体保证。

劳动安全卫生标准，是为保护劳动者在生产劳动中安全与健康，避免事故、伤亡和设备材料损坏，防止作业场所的职业危害、保证经济建设顺利进行而制定的技术准则。

我国劳动安全卫生标准分为国家标准、行业标准、地方标准和企业标准四级。

《中华人民共和国标准法》规定，国家标准、行业标准分为强制性标准和推荐性标准。保障人体健康、人身、财产安全的标准和法律、行政法规规定强制执行地标准是强制性标准，其他标准是推荐标准。劳动安全卫生标准是属于强制执行的标准，其特点是：

（1）政策性强；

（2）综合性强；

（3）涉及面广。

我国劳动安全卫生标准可大致分为：

（1）管理标准：这类标准主要是一些为劳动保护监察工作提供依据并加强管理的标准，如《工业企业设计卫生标准》《企业职工伤亡事故调查分析规则》《辐射防护规定》等。

（2）劳动生产设备、工具安全卫生标准：这类标准主要是为了保证设备、工具的设计、制造、使用符合安全卫生要求的保证。如《生产设备安全卫生设计总则》等。

（3）生产工艺安全卫生标准：这类标准主要是对一些容易产生职业危害的生产工艺规定了最基本的安全卫生要求，一是预防工伤事故的生产工艺安全标准；二是预防职业病的生产工艺劳动卫生标准。如《工业企业厂内运输安全规定》《水泥生产防尘规定》等。

（4）防护用品标准：这类标准是为了控制防护用品质量，使其达到安全卫生的要求。如《安全帽一般技术条件》等。

这里要注意的是：遵守安全生产的法律、法规、标准是所有企业和任何个人的义务和责任，是安全管理的最低要求。好的安全管理决不能停留在不违反法律、法规、标准的水平上，而是以法律、法规为指导，通过科学的管理，保护、发展生产力，保护劳动者的安全、健康，保护设备和财产的安全。每位职工知法、懂法、守法是实现安全生产的根本保证。

二、职业健康安全管理知识

1. 职业健康安全基本知识

（1）全球职业健康安全形势

随着人类工业化进程的推进，各类意外伤亡事故频发，根据国际劳工组织的统计数据，每年全球所发生的各类伤亡事故 2 亿多起。而全世界每年死于工伤事故和职业病危害的人数约为 110 万人，其中职业病引起约为 25%。在这些工伤事故和职业危害中，中国、印度等发展中国家所占比例甚高。

职业健康安全状况是国家经济发展和社会文明程度的反映，是所有劳动者获得安全与健康的反映，是社会公正、安全、文明、健康发展的基本标志之一，也是保持社会安定团结和经济持续、快速、健康发展的重要条件。

（2）我国安全生产现状

我国在改革开放过程中，经济发展突飞猛进，长期保持世人瞩目的高速增长，但是职业健康安全工作增长势头缓慢甚至停滞不前。事故死亡人数触目惊心，在国内外造成了极不良的影响。

安全生产事关劳动者的基本人权和根本利益，工伤事故和职业病对人民群众生命与健康的威胁得不到解决，会使广大劳动者感到不满，当这些问题累积到一定程度和突发震动事件时，有可能成为影响社会安定、稳定的因素。

（3）常见词语定义

1）事故是指造成死亡、疾病、伤害、损坏或其他损失的意外情况。

2）危险源是指可能导致伤害或疾病、财产损失、工作环境破坏或这些情况组合的根源或状态。

3）危险源辨识是指识别危险源的存在并确定其特性的过程。

4）事件是指导致或可能导致事故的情况。

5）职业健康安全是指影响工作场所内员工、临时工作人员、合同方人员、访问者和其他人员健康和安全的条件和因素。

6）风险是指某一特定危险情况发生的可能性与后果的组合。

2. 职业健康安全管理要求

近几年来，国际上职业健康安全管理水平和技能快速发展。而我国发展速度远落后于发达国家，与一部分新兴的发展中国家也有很大差距，与国民经济发展速度很不相称，甚至有的成为了我国经济、社会发展的一个瓶颈。加入 WTO 后，对于中国经济界而言，遇到的最基本问题就是“公平竞争”，同时也包括环境保护和职业健康安全问题。

（1）国际安全卫生标准的要求

1995 年国际劳工组织（ILO）和世界卫生组织（WHO）明确了职业卫生的定义，“职业卫生必须以促进和维护各类职业中所有员工的最佳体力、脑力和社会福利为目的，预防因工作条件而影响职工的健康；保护职工免受工作环境中有害因素的影响；安置和维护职工在适于它的生理、心理能力的环境中工作；最终使工作适应于人，每个人适合于自己的工作”。

其主要目标为：

1）维护和促进职工健康和工作能力；

2）改善工作和工作环境，有利于安全与健康；

3）使劳动组织和劳动文化向促进健康源泉的方向发展。

（2）我国法律法规要求

2001 年《中华人民共和国职业病防治法》颁布并施行，提出了“职业病防治工作坚持预防为主、防治结合的方针，实行分类管理、综合治理”的原则。劳动者“依法享有职业卫生保护的权利”。用人单位“应当建立、健全职业病防治责任制，加强对职业病防治的管理，提高职业病防治水平，对本单位产生的职业病危害承担责任”。

2002 年《中华人民共和国安全生产法》颁布并施行，明确了“安全生产管理，坚持安全第一、预防为主的方针”。生产经营单位“必须遵守本法和其他有关安全生产的法律、法规，加强安全生产管理，建立、健全安全生产责任制度，完善安全生产条件，确保安全生产。”生产经营单位的从业人员“有依法获得安全生产保障的权利，并应当依法履行安全生产方面的义务。”

（3）工作场所的安全原则

1）使得工作人员了解可能存在的危险和潜在危害；

2）工作人员必须经过安全培训，掌握安全操作程序；

3）必须建立安全监督机制，督促工作人员按照制度要求实施操作过程；

4）工作环境符合安全卫生要求，设备、机器和物体符合安全运行要求，配备安全保护装置；

5）工作人员配备个人防护用品。

3. 核设施职业健康安全管理主要方式

（1）识别并评价危险源及风险

对于作业场所的各类危险因素进行辨识，确认主要作业现场的风险源，按照风险等级进行分类,制定相应的管理方案。

(2) 职业健康安全管理的基本方式

1) 定期监测

遵照国家《工作场所有害因素职业接触限值》《职业病目录》和《职业病危害因素分类目录》,于每年年初对各单位接触职业危害的作业场所进行详细调查,建立档案,制定检测计划,聘请具有国家资质的检测单位进行定期监测,对超标点立即下发《卫生监督意见书》,实施改进措施,并验证整改情况。

2) 日常管理

严管、勤查、重处是发现职业危害的有效途径,也是堵塞管理漏洞、落实整改措施、改善劳动条件、搞好职业卫生的重要手段。对有毒有害作业场所实施动态检查和"严、实、狠"的管理,严格按照技术规范和管理制度,检查职业卫生防护设备、应急物资的配置、劳动防护用品的使用和作业人员的操作,对查出的问题,及时督促各单位制定有效的纠正和改进措施,对比较严重的隐患和管理缺陷,下发专项整改(整治)通知,并对落实情况进行追踪验证,促使问题的整改合格率达 100%。

3) 健康体检

严格按照《使用有毒物品作业场所劳动保护条例》和《职业健康监护管理办法》要求,定期组织接触职业危害因素的员工进行健康检查,保证有毒有害作业岗位员工健康体检率达 100%。对体检中发现员工受到职业危害的,立即发放《职业健康体检通知书》,书面通知人力资源部门及病人所在单位,实施监护管理和医学观察;对有职业禁忌证的,及时治疗并调整岗位。专门给这些员工建立相应的档案,并定期组织健康复查,为员工筑起坚实的健康防线,杜绝职业病和重大职业危害事故的发生。

4) 将职业危害及时告知员工

企业对员工负有职业危害告知的义务,安排有害作业新上岗员工时,应书面通知其职业危害,并经职业病防治知识培训,考核合格后方能上岗;在日常管理中,通过组织学习、设置提示、警告标识等形式,让员工及时了解、掌握其所在岗位的职业危害因素的种类、危害程度、危害后果及其防护措施,提高员工自我保护意识。

4. 个人防护

为了个人防护,铀浓缩生产中的标准安全装备是必不可少的。必要时应穿戴防护衣、氯丁橡胶手套和外衣、自备的呼吸装置、耐酸护目镜、面罩、防护鞋和头盔等。所有的防护衣必须是干净的而且不含碳氢化合物,因为 HF 和 F_2 都会和碳氢化合物反应,这样就会穿透防护装备。

因为化学毒性和放射性,对所有人员进行深入的培训是十分重要的。培训应全面包括化学和放射危害,其他的特殊训练视需要而定。为了确保正确的放射性保护,每个进入现场的人都必须佩戴放射性剂量设备,为了减少暴露,应有良好的厂房管理以保持低放射性和低空气污染水平,以及一般的安全防护。

医疗控制程序通常要求对每个职工进行包括肺、肾、血液方面的检查。进行定期的体检,掌握职工健康状况。做常规的尿铀检查以确定职工的辐射水平。

下面是 UF_6 容器的处理和贮存过程中个人的放射性和化学放护方面的基本要求。

(1) UF_6 容器接收时,应进行放射性和污染监控。超过规定放射性的 UF_6 容器应与其他容器区分开来并进行纠正。

(2) 应建立个人监控程序确保人体不受过量辐射。

(3) 处理 UF_6容器的人应有 UF_6和 HF 化学保护的防护设备,以及 UF_6泄漏事故中不受微尘伤害的保护装备。

(4) 在容器破裂或 UF_6泄漏的事故中没有防护装备的个人应迅速撤离现场,避免与 UF_6或 HF 接触。取样点应设在上风口。

UF_6的压力和物态对确定安全措施和所用程序很重要。UF_6系统在大气压力或低于大气压下出现裂缝将会使室内的空气漏入操作系统,然后慢慢地泄漏出 UF_6的反应产物。UF_6的压力和物态决定潜在危害程度。

厂区可根据以下特点分类:在高于大气压力下处理 UF_6的区域分为Ⅰ类区,在低于大气压力下处理 UF_6的区域分为Ⅱ类区。每种类型的区或都应给予特别的安全考虑。Ⅰ类区内的系统破裂会立刻导致 UF_6泄漏最终造成空气和表面污染。应在这些区域内使用 UF_6监测探测、警报、联锁系统。在Ⅰ类区工作人员应知道紧急情况下的撤离路线并应经过训练。Ⅱ类地区 UF_6系统破裂的主要后果是空气泄漏,不会出现 UF_6快速泄漏。尽管如此,当工厂有拆装工作时,还是有必要采取污染控制措施,系统打开之前必须将它充分抽空并且吹洗干净,排风设备可保护工作人员在系统打开时不会被沾污,抽出的气体排入大气前必须净化。

三、现场急救

1. 现场急救

现场急救就是在救护车、医务人员或其他适当的专业人员到达之前,给受伤者或疾病突发者施行及时的帮助和治疗。急救人员必须冷静,充满信心。同时,最为重要的是:无论何时何地,只要有需要,都应施以援手、进行救助。对伤者来说,他的生命也许就取决于能否在事故发生后几分钟内得到适当的急救措施。除了挽救生命外,这或许也能避免更严重的后遗症。

2. 事故现场的处理

(1) 事故现场的急救步骤

1) 判断情况。在现场救助伤者,首要的问题是评估现场是否有潜在的危险以及可使用的工具、用品和必需的帮助。还要注意到意外事故的成因,防止继发意外发生。

2) 确保安全。救援人员都需要进行适当的防护。特别是把患者从严重污染的场所救出时,救援人员必需加以预防,避免成为新的受害者。

3) 提供急救。应将受伤人员小心地从危险的环境转移到安全的地点。

4) 求助。可以让其他人协助你进行急救并求助。

(2) 正确拨打应急电话

医疗急救:120;火警电话:119;匪警电话:110;交通事故:122。所有公用电话都可以免费拨打应急电话,磁卡、IC 卡电话都无需插卡。

拨打应急电话的注意事项如下。

1) 无论何时,只要有伤病者,就应要求救护车。

2）打电话时，应清晰简洁地说明情况。

3）如果你让别人打电话，应确保其了解事故的严重性，并要他向你报告打电话的详情。

4）打完电话后，如果需要，安排人到明显的地方迎接救护车，并为救护车指路。

3. 常用急救术

（1）控制严重出血

1）出血

分为内出血和外出血。内出血应立即拨打120急救电话，让医生来处理，而大部分外出血的止血每个人都可以进行。

2）止血时的注意事项：谨慎使用止血带，因其可能会加剧出血，并可能会导致组织受损甚至坏死；不要试图清洁大的伤口，这可能造成严重出血；不要试图取出伤口内较大的异物，这会造成更严重的伤害和出血；不要在已经控制了出血后试图清洁伤口，把这些工作留给医护人员。

（2）搬运

搬运伤员可根据伤病员的情况、因地制宜，选用不同的搬运工具和方法，搬运时注意搬运体位，动作要轻且迅速，避免震动，尽量减少伤员痛苦。搬运原则：

1）除非迫不得已，不要移动伤病者。

2）确保自己的安全。

3）永远要假设伤病者头部、颈部或背部受伤。

4）对于颈部或背部受伤，或者严重受伤的伤病者，千万不要移动他。除非有危及生命的情况，如火灾、毒气、浓烟或即将倒塌的建筑。

5）搬运伤病者时，尽量保持伤病者的头部、颈部、背部位置固定与身体保持笔直。

6）尽量不要一个人移动伤病者。如果可能，找人帮助一起搬运，让最有经验的人作领导。

7）搬运前确保伤口已包扎固定。

8）正确利用身边的器具，如椅子、门、大衣、毯子、浴巾、棉布等。

9）不当的搬运方法可能会造成严重的损伤。

10）如果没有帮助，应鼓励伤病者扶着你或其他物体自己行走。除非身处险境，尽量不要一个人移动伤病者。

（3）心肺复苏术

急救的首要步骤是保证及维持伤病者的呼吸和血液循环功能。救治呼吸和心跳停止的伤病者，必须通过胸部按压结合人工呼吸同时进行，这种保持伤病者生命的急救方法称为“心肺复苏术”。

在救护车、专业人士到来之前，对伤病者及时实施紧急救助，伤病者的获救比率要比没有进行救助的要高5倍左右。

需要实施复苏术抢救的伤病者症状：失去知觉；呼吸停止；没有脉搏。

心肺复苏术的ABC三步骤如下。

A（Airway）：畅通气道。托起伤病者的下颌，使其头部后仰。头部后仰能使后缩至喉内的舌头抬起，使气道不受阻塞。

B(Breathing):维持呼吸。如果伤病者停止呼吸,应对其进行人工呼吸。将你呼出的气用力吹入伤病者的肺中,以便为其血液提供氧。

C(Circulation):维持血液循环。如果伤病者的心跳停止,应采用"胸部按压"迫使其血液通过心脏循环于体内。人工呼吸与胸部按压要同时进行。

第四节 设备基础知识

一、常用材料和润滑油的知识

(一) 用于 UF_6 生产中的材料

1. 玻璃

对于干燥的 UF_6 是稳定的,所以测定 UF_6 气体压力用的是玻璃制的 U 形压力表。但是只要 UF_6 气体中含有极微量的水汽。那么 UF_6 即会水解生成 HF,而 HF 就会和玻璃反应。玻璃便会被腐蚀,反应如下:

$$UF_6+2H_2O=UO_2F_2+4HF \tag{2-8}$$

$$4HF+SiO_2=SiF_4+2H_2O \tag{2-9}$$

因为反应生成水,这样反应便可连续进行使玻璃腐蚀更严重。

2. 金属

UF_6 能与大多数金属反应,和强还原剂钾、钠、钙等金属发生剧烈反应,并使 UF_6 还原为金属铀。汞在室温下即能被腐蚀。UF_6 和镍、铜、铝作用后,UF_6 被还原成固态的 UF_6 同时生成一层 NiF_2、CuF_2、AlF_3 的薄膜盖在上面,反应如下:

$$UF_6+Ni=UF_4+NiF_2 \tag{2-10}$$

$$UF_6+Cu=UF_4+CuF_2 \tag{2-11}$$

$$3UF_6+2Al=3UF_4+2AlF_3 \tag{2-12}$$

经过多次试验证明:金属氟化物的薄膜腐蚀与生成的条件有关。由 UF_6 置换金属生成的金属氧化物膜比较疏松,不如金属直接和氟作用形成的氟化物膜致密,起不了保护作用。金属仍继续会被 UF_6 腐蚀。

UF_6 对碳钢、铅、锡和锌耐腐蚀性要差些。比较上述金属,以镍、镍合金如蒙乃尔合金、莫科乃尔合金、铜、铝等金属耐腐蚀性较好。在 510～565 ℃高温时试验认为莫科乃尔合金最好,其他镍合金也不错,所以在高温时选用镍合金,但在低温时也可用碳钢。

金和铂在室温时不与 UF_6 起反应。但加热时即被腐蚀而变暗。

3. 塑料

聚四氟乙烯具有高度化学稳定性和抗腐蚀性,仅在高压或常压及 150 ℃时受元素氟的侵蚀。

4. UF_6 和有机化合物的作用

由于 UF_6 是强氟化剂,它能与大多数有机化合物起反应,生长 HF、氟碳化合物、UF_4 和铀的中间氟化物。有机分子中有氧时,则生成氟化铀铣。能溶解在卤化的碳氢化合物中。如四氯化碳、三氯甲烷等。在完全氟化的碳化合物中非常稳定，与高氟化环己烷没有反应。

（二）与 HF 接触的材料

HF 有很大的活性，能与许多其他化合物结合，对玻璃的腐蚀作用是它与 SiO_2 反应的结果。

$$4HF+SiO_2=SiF_4+2H_2O \tag{2-13}$$

HF 还能同许多金属氧化物、氢氧化物作用生成水与氟化物，如碱金属与碱土金属化合物银、铝、铅、锌、汞及铁。几乎它能同所有金属发生反应，它与铝、镁、铁、镍特别是镍形成致密的氟化镍薄膜，可防止镍继续被腐蚀。无水或近似无水的 HF 对于铁与钢即使在高温下也耐腐蚀。但不锈钢非常容易被腐蚀。蒙乃尔合金在低温或高温下均能抵抗无水及含水 HF 腐蚀。铜在无氧存在时能抵抗无水及含水 HF 腐蚀，镍能抵抗无水 HF 腐蚀，含水 HF 特别在高温时被腐蚀。铝能抵抗低于 70％的 HF 腐蚀但无水 HF 却严重的腐蚀。

（三）常用润滑油知识

铀浓缩厂常用润滑油主要是指 **УПИ** 油、BM-12 油、BM-4 油和 BM-3 油。**УПИ** 油用于补压机及离心机隔膜阀的注油；BM-12 油用于离心机阻尼器的注油；BM-4 油用于真空泵和 MC-Ⅳ；BM-3 油用于扩散泵的注油。

1．УПИ 油的性质参数

见表 2-5。

表 2-5　УПИ 油的性质

序号	参数名称	性能或指标
1	外观	(40±1) ℃时，油状无色或稍带色透明、均匀液体，无机械杂质。应符合供货方和用户商定的色度标准№1。20～25 ℃时，液体中允许有悬浮物
2	固体杂质/％	不大于 0.1
3	含水量	无
4	水浸液酸度	中性
5	丙酮浸液色度	符合色度标准№2
6	运动黏度	(20±0.2) ℃时：3 000～6 000 cP(1 cP=10^{-3} Pa·s) (70±0.2) ℃时：不大于 22.5 cP
7	与 UF_6 的作用	不反应
8	馏分组成	10 mmHg 残压下： ① 初馏点不低于 130 ℃ ② 140 ℃馏出物不大于 5％ ③ 190 ℃以上馏出物不大于 5％
9	分层性能	—
10	4ΦД(氟塑料)粉末质量分量	—

2．BM-12 油的性质参数

见表 2-6。

表 2-6 BM-12 油的性质

序号	参数名称	性能或指标
1	密度/(g/m^3)	20 ℃时:0.850 0～0.887 0
2	黏度	20 ℃时:380～450 cP 50 ℃时:不低于 60 cP
3	闪点温度/℃	敞开坩埚内的油:不低于 260 ℃
4	饱和蒸气压 Pa/mmHg	20 ℃时:不大于 5.3×10^{-6}(4.0×10^{-8})
5	50 ℃时的腐蚀作用	能承受
6	含硫量	不大于 0.1%
7	气味	无
8	酸碱度	中性
9	含水量	无
10	颜色,LSHT 单位	不大于 1.0
11	机械杂质含量	无

二、真空阀门的基本结构、运行参数、维护

真空阀门是真空系统中用以调节气流量、切断或接通管路的元件。其工作压力低于标准大气压。对于级联工艺系统,由于工作介质特性和工艺要求,所用阀门采用核特有阀门。由于有很高的密封性要求,所以用于工艺系统中线路的连通或截断的阀门,采用真空耐压阀门。其特点是允许阀门内腔工作于真空状态下,内腔与外界密封。

(一)真空阀门的分类

真空阀门种类繁多,可从不同方面进行分类。

1. 按驱动方式分类

(1)手动阀门:借助手轮、手柄、杠杆等,由人力来操纵阀门动作。

(2)电动阀门:借助电力驱动的阀门。

(3)手电两用阀门:在同一个阀门上既有用于人力操纵的手轮、手柄,又有用于电力驱动的电机。铀浓缩厂房机组、料流及辅助系统的阀门大多属于此种类型。

(4)电磁阀:借助电磁力驱动的阀门。

(5)气动阀:借助压缩空气驱动的阀门。如:离心 03 厂房供料单元保温箱内,用于控制级联供料压力的气动调节阀。

(6)液压式真空阀:借助油等液体压力驱动的阀门。

此外,还有以上几种驱动方式的组合,如供取料系统供料单元保温箱内,用于级联供料和净化的电磁气动阀。

2. 按用途和作用分类

可分为:截止阀、隔离阀、放气阀、截流阀、换向阀和封闭送料阀。

3. 按公称压力分类

可分为:低真空阀门、高真空阀门和超高真空阀门。

4. 按结构特点分类

可分为：挡板阀、翻板阀、蝶阀、连杆阀、隔板阀、闸阀、双通阀、三通阀、四通阀、直通阀和角阀。

5. 按照密封件结构特点分类

真空阀门按照密封件结构特点分为针形阀、鱼雷阀、闸板阀和转筒阀。

6. 按公称通径分类

(1) 小通径阀门：公称通径 DN≤40 mm 的阀门。

(2) 中通径阀门：公称通径 DN 为 50～300 mm 的阀门。

(3) 大通径阀门：公称通径 DN 为 350～1 200 mm 的阀门。

(4) 特大通径阀门：公称通径 DN≥1 400 mm 的阀门。

后两种阀门在一般的真空系统中很少用到。

(二) 真空阀门的基本要求

对真空阀门的基本要求是：尽可能大的流导；密封可靠；操作简便；密封部件耐磨性好，能反复使用、寿命长，容易清洗安装。此外，对于超高真空阀门还要求能耐烘烤、对于截流阀要求能均匀调节流量。

工艺专用真空阀门包括高真空耐压阀和专用真空阀两大类。高真空耐压阀可在真空与压力状况下工作，最高工作压力可达 0.4 MPa(表压)，多用于温度、压力较高的场所。专用真空阀一般用于真空状况，即工作压力低于大气压的场所。各类真空阀门参数见表 2-7。

表 2-7　各类真空阀门性能参数表

序号	名　称	规格	图　号	开←→关(刻度)
1	转筒真空阀(电动)	DY210	128-27-0014BO	100°～－6°
2	转筒真空阀(手动)	DY210	128-58-0007BO	100°～－60°
3	转筒真空阀(电动)	DY150	128-27-0026BO	100°～－60°
4	转筒真空阀(手动)	DY150	128-58-0011BO	100°～－60°
5	鱼雷真空阀(电动)	DY100	128-27-0029BO	0～3
6	鱼雷真空阀(手动)	DY100	128-58-0021BO	0～3
7	针形直通阀	DY25	128-12-0022BO	
8	针型阀	DY10	128-12-0021BO	
9	针型阀	DY3	128-58-0031BO	
10	闸板阀(电动)	ϕ124	112-58-Cδ2	90°～0°
11	闸板阀(手动)	ϕ124	112-58-Cδ1	120°～0°
12	气动调节阀	DN100		
13	电磁气动高真空耐压阀(角阀)	DN100		
14	电磁气动高真空耐压阀(角阀)	DN65		
15	手动高真空耐压角阀	DN100		
16	手动高真空耐压角阀	DN65		
17	手动高真空耐压角阀	DN25		

续表

序号	名　称	规格	图　号	开←→关(刻度)
18	手动高真空耐压角阀	DN20		
19	手动高真空耐压角阀	DN16		
20	转筒真空阀	DN200	EJ160-75	100°～－60°
21	转筒真空阀(电动)	DN125	EJ161-75	0°～160°
22	转筒真空阀	DN125A	EJ160-75	0°～160°
23	鱼雷真空阀(电动)	DN100	EJ159-75	30～0
24	鱼雷真空阀	DN100	EJ158-75	30～0
25	鱼雷真空阀(电动)	DN65	EJ159-75	
26	鱼雷真空阀	DN65	EJ157-75	
27	鱼雷真空阀	DN65	EJ158-75	
28	鱼雷真空阀	DN40	EJ158-75	
29	针形直通阀	DN25A	EJ155-75	
30	外螺纹真空阀	DN10B	EJ152-75	
31	针形阀	DN10	SO111	
32	针形阀	DN3A	EJ151-75	

工艺专用阀门的工作介质是气体六氟化铀，含少量氟化氢。介质具有强腐蚀性和毒性，工艺过程必须与外界隔绝，因此要求此类阀门具有良好的耐腐蚀性能和真空密封性。阀门对外界的泄漏率要求在 10^{-7} Pa·L/s 的量级，阀座泄漏率在 10^{-5} Pa·L/s 的量级。

专用阀门安装时，必须保证安装场所清洁无尘，并用工业酒精或丙酮严格清洁阀门及其相连接的管道的内腔，不允许存在锈斑、油污、灰尘和其他杂物。

(三) 高真空耐压阀

1. 高真空耐压阀的分类

(1) 按通径大小，有 DN16、DN25、DN65 和 DN100。其中 DN16 用作取压阀或破空阀；DN25 多用于氮气线；DN65 和 DN100 为工艺管道的截止阀。

(2) 按操作方式，分为手操阀门和电磁气动阀两类。电磁气动阀可由控制室远控操作或由自动控制系统操纵，并显示阀门的启闭状态。

(3) 按供货来源，可分为国产阀门和进口阀门两大类。结构上基本相同。

2. 手动高真空耐压阀

(1) 手动高真空耐压阀都是直角阀。对外界采用弹簧箱密封，弹簧箱是双层不锈钢波纹管结构。弹簧箱外是阀门的内腔，可保证阀门的密封和耐压性能。阀座密封采用特殊材料，可耐 120 ℃的高温。

(2) 手动的高真空耐压阀，关闭时必须使用专用的力矩扳手，限制操作力矩，既保证必要的阀座关闭力，又不损坏阀座密封。国产高真空耐压阀及进口高真空耐压阀的允许操作力矩见表 2-8、表 2-9。

表 2-8 国产高真空耐压阀的允许操作力矩

阀门通径/mm	操作力矩/(N·m)
DN16	≤4.0
DN25	≤6.0
DN65	≤12
DN100	≤24

表 2-9 进口高真空耐压阀的允许操作力矩

阀门通径/mm	操作力矩/(N·m)
DN16/25	2.5～3.6
DN65	15～20

3. 电磁气动阀

(1) 电磁气动阀也属于直角阀，是双位控制阀，以压缩空气为动力，压缩空气的压力是 0.6～0.8 MPa。阀体侧面有一个电磁阀，电磁阀通电(电流 $I=20$ mA)时，压缩空气由此进入气缸，压缩气缸另一侧的弹簧，推动阀杆运动，缓缓打开阀门；断电($I\leqslant4.0$ mA)时，压缩空气由电磁阀排出气缸，依靠弹簧的恢复力推动阀杆反向运动，关闭阀门。

(2) 电磁气动阀是常闭阀。在断电关闭时，现场可以用螺丝刀将阀门上的一个槽口小螺钉拧转 90°，使压缩空气进入气缸，将阀门手动打开。手动打开的阀门，控制系统不能操作。将该小螺钉复位，即恢复控制。

(3) 处于打开位置的电磁气动阀，如果压缩空气停气，阀门开度仍可在 6 小时内保持 50%以上的开度。

4. 专用真空阀

(1) 专用真空阀分类

1) 按通径大小和结构分类

——小型阀：包括 DN3、DN10、DN25 三种手动真空闭锁阀。DN3、DN10 阀用于信号、事故保护及工艺检测传感器和仪表的连接。DN25 阀用于检修工作时设备、管道截断组的抽空和破空。阀门对外界是弹簧箱密封，弹簧箱内部是阀门的工作腔。阀座密封是金属硬密封。

——中型阀：包括 DN40、DN65 和 DN100 三种鱼雷式真空阀，因其阀塞具有鱼雷状的导向翅片而得名。阀门对外也是弹簧箱密封，同小型阀。阀座密封是聚四氟乙烯垫圈。

——大型阀：包括 DN125、DN150、DN200 和 DN210 转筒式真空阀。阀门设计独特，在阀门全开时阀塞呈现一直径与阀门通径相同的圆截面通道，使气体流动阻尼极小。关闭时，阀塞首先旋转 90°，使阀头对准阀座，然后阀头向阀座推动，关闭阀门。阀门对外是膜片式密封，阀座密封是聚四氟乙烯垫圈。

2) 按操作方式分类

可分为手动阀和电动阀。电动阀用小型交流异步电机驱动阀塞，并带有阀位指示信号。电动阀可以借助电动机自动打开和关闭，也可以借助手动操作。

(2) 专用真空阀的操作

1) 小型阀均为手操阀门,关闭时不允许使用任何加力器械,以防损坏金属密封。DN3 阀门用手指操作,DN10 阀门用单手操作,DN25 阀门用双手操作。

2) 大、中型真空阀在结构上设有阀塞限位机构,阀门关闭时,应关到限位位置。限位机构上的铅封不得擅动。

3) 小型阀门设有开度限位螺钉,用来保护弹簧箱,防止阀杆脱落。操作阀门时,应注意该螺钉安装完好。

4) 电动阀可受自控系统操纵。操作人员能够通过控制系统对其实行远距离控制、操作,或当紧急情况发生时,通过事故保护传感器发出的打开—关闭信号实行操作。

5) 电动阀上带有手轮,在电动失效时可以手动操作。

(四) 专用真空阀门构造及工作原理

1. 针形阀 DN3、DN10、DN25 工作原理及构造

针形阀 DN3、DN10、DN25 的工作原理是以不同螺距的闭锁装置为基础。当手柄(手轮)顺时针转动时,阀门关闭,用一个螺扣把螺杆拧入杯套中,并同时借助另一个螺扣拧入闭锁针轴中,这样引起针轴向阀座方向的位移。而且杯形套上的螺纹间距大于闭锁针轴的螺纹间距。这样一来,当螺杆完全旋转一圈时,闭锁针轴位移一段距离,即该距离与杯形套和针轴相对应的螺距差相等。不同螺距的采用,可以在阀门打开或关闭时,均匀调节阀门的通过截面。实现阀门内腔与大气隔绝的密封,一方面是通过膜盒,另一方面是采用闸板密封,即闭锁针轴嵌合于阀座内(“金属对金属”)的办法。

2. 鱼雷真空阀 DN100(手动)工作原理及构造

手动鱼雷真空阀 DN100 工作原理为:阀座加密封环要紧固在壳体的输入(短)管上。在阀门壳体内设有连接连杆的闸板。连杆紧固在叉头上,该叉头有两个半轴,可围绕半轴转动。叉头与滑板移动连接。螺母紧固在杯形套上,借阀门打开(关闭)时沿螺杆的轴线完成往复运动。弹簧组用于调节关闭力度。定位螺栓,用于连杆在打开(关闭)处于终点位置时的定位。

为排除阀门自行打开或关闭,特设有定位销,将其嵌入到螺杆的沟槽中,以防螺杆在阀门运动中转动。阀门内腔与大气隔绝的密封通过膜合和防护套来保证,另一方面则采用闸板密封,即采用阀门移动闸板紧压到氟塑料密封环上的方法。

在阀门打开或关闭前,定位销从螺杆的键槽中拔出并转动 90°(制动)。当阀门关闭时(如果从手轮方向看,手轮顺时针旋转),要转动螺杆,并借助螺母使杯形套同滑板和连杆一起位移。连杆在与叉头围绕其半轴转动的同时,至使闸板向阀座方向位移。之后,闸板依附在密封环上,滑板停止不动,杯形套在手轮转动时继续向原方向位移并且挤压弹簧组,直至形成间隙(即杯形套上孔边缘与滑块端部间距离),间隙的值在阀门说明书中给出且与弹簧压力相符,这样可保证阀门关闭所必要的力度。

阀门在打开状态下,闸板要脱离阀座,使之形成杯形可通过截面,与阀门连接法兰同轴。在完全打开状态下,叉头要抵到定位螺栓上。在完全关闭状态下,当设定说明书中的限值时,滑块要抵到定位螺栓上。当阀门完全打开或关闭之后,定位销退回原位(嵌入螺杆沟槽内)。

3. 转筒真空阀 DN150(电动)工作原理及构造

转筒真空阀 DN150(电动)工作原理为:阀门壳体的内腔配置有带支架和闸板的管子。阀门支架用底端支撑并在轴座内转动。定位螺杆用于闸板沿壳体水平轴定位。支架的上部配置孔中插入轴,该轴通过法兰固定在阀门壳体上。

阀门支架上固定有带闸板的手柄。当手柄围绕中轴转动时,用闸板关闭阀门。阀门的完全关闭由闸板压紧密封环来保证。此外,支架上还装有:管子(阀门打开时工作气体可沿该管流动)和止动螺杆。阀门轴座上拧入挡销,用于限制支架的转动。

设在手柄的滚柱要嵌入凸轮的断面凹槽中,而手柄杆在阀门打开和关闭时,沿纺形板的型面位移。凸轮紧固在轴上,可置于法兰上的纺形板则紧固在阀门的壳体上。

阀门内腔与大气的隔绝的密封,可借助于垫片、氟塑料密封环、膜片、盘形弹簧及橡胶防护套来保证。密封环用弹簧组来压紧。

轴的转动(即阀门打开或关闭)可通过两种办法实现:

(1) 扳动手轮(借助蜗杆和蜗轮的传动)的办法;

(2) 由电动机先经过齿轮与齿轮传动,再经过蜗杆和蜗轮传动的办法。

正常状态下,手轮不与蜗杆啮合,因此在电动机工作时手轮不会转动。轴上固定有凸轮,用于接通(切断)终端微型开关。

在打开状态下,阀门闸板退到一侧,这时平滑管子与阀门连接法兰同轴,构成一种流通截面,以此则可保证流体局部阻力系数接近零。在阀门“打开”的终点位置下,滚柱处于凸轮特形缺口区间,手柄杆处于距纺形板异型面的表面,而管子所占据的位置,应使管端部处于阀门壳体入口和出口。止动螺杆要触及挡销上。

当阀门关闭时,凸轮与轴共同转动,手柄位移,而手柄杆向纺形板滑动。带动管子和闸板的支架与手柄共同转动。当轴、凸轮和支架由原始位置转动 90°时,手轮杆处于与表面相反的位置,而螺杆要触及挡销上。正因为螺杆触及挡销的同时,可以阻止支架再继续转动,所以轴与凸轮向该方向的继续转动会引起处于纺形板凹槽内手柄的滚柱位移,沿凸轮特形缺口移动,而手柄杆会沿纺形板表面移动。当滚柱在凸轮和手柄杆特形缺口中沿纺形板表面移动时,手柄会促使闸板向阀座方向位移,直到密封环处挡住为止,并给予继续施压,以确保其密封性,满足这一点要求依赖于凸轮特形缺口有着阿基米德螺旋线约 6.5 mm 的导程。阀门关闭之后,滚柱要处于凸轮特形缺口的端部,要有约 15 mm 的行程余量。

阀门要按逆序打开。

弹簧在阀门关闭时受压,在阀门打开时受控,同时它作为减震器用以消除电动机的动差,确保阀门的快速关闭(约 0.9 s)。

(五) 真空阀门正常运行的条件

1. 阀门能否正常运行,关键在于工作人员对阀门的维护和阀门在打开和关闭时是否按操作规程执行以及对其是否进行定期检查。对上述要求的严格执行是阀门可靠运作的条件,并可防止其过早损坏。

2. 无论是手动阀还是电动阀,当以手动打开或关闭时,都必须完成下列要求:

(1) 阀门关闭时,从手轮方向看,要按顺时针方向转动手轮,而阀门打开按逆时针方向转动。

(2) 严禁采用任何手柄或辅助工具来打开和关闭阀门,但需用专用工具操作阀门的情况除外。

(3) 电动阀门在未断电的情况下,严禁用手打开或关闭。

(六) 真空阀门的运行维护

1. 手动阀门检查维护

(1) 阀门外观检查

1) 检查壳体上有无损坏和压痕;

2) 检查指示器刻度和指针是否完整,指针位置是否正确;

3) 检查紧固螺栓和部件是否完整;

4) 手轮是否固定,手轮、手柄是否完好,有无定位销和定位螺钉;

5) 外观检查部件表面有无腐蚀。

(2) 阀门部件清洁

用棉布(或蘸有酒精等清洗液)擦拭外部部件上的污迹和灰尘,去除需加润滑油的零部件上的旧润滑油。

(3) 阀门部件润滑

给轴承、衬套等零部件加润滑油。根据检修维护计划(每两年一次),通过注油孔给阀门注入润滑油。

(4) 处于打开位置的阀门加油后,关 2～3 圈后恢复到打开位置。

2. 电动阀门检查维护

(1) 外观检查

1) 检查壳体上有无损坏和压痕;

2) 检查指示器刻度和指针是否完整,指针位置是否正确;

3) 检查紧固螺栓和部件是否完整;

4) 手轮是否固定,手轮、手柄是否完好,有无定位销和定位螺钉;

5) 外观检查部件表面有无腐蚀;

6) 取下模压外套,检查有关电气元件部件和导线的固定、焊接情况完好。

(2) 阀门部件清洁

用棉布(或蘸有酒精等清洗液)擦拭外部部件上的污迹和灰尘,去除需加润滑油的零部件上的旧润滑油。

(3) 阀门部件润滑

给轴承、衬套等零部件加润滑油。根据检修维护计划(每两年一次),通过注油孔给阀门注入润滑油。

(4) 工作性能检查

1) 手动检查

转动手柄,反复打开、关闭 5 次,动作平稳,无卡阻,无急跳、冲击现象。阀门在全开或全闭时,凸轮不应与限位(行程)开关脱离。

2) 电动检查

电动打开或关闭阀门 2 次,检查、测量阀门打开和关闭后的间隙,该测量值应介于表 2-10 所列的参数范围内,否则予以调整。调整后,继续检查 2 次。

(5) 开、关可靠性检查

电动打开或关闭后,继续手动方式转动 1/2 圈,以检查电动打开或关闭的可靠性(重复 2 次)。

(6) 电路连接的正确性检查。电动打开或关闭时,检查动作和信号的正确性。

表 2-10　电动阀门间隙允许值　mm

阀门状态	DN100	DN150		DN210	
		打开	关闭	打开	关闭
调整间隙	0～15	0～5	0～5	0～5	0～4
试转间隙	5～8	2.0～2.5	2.0～2.5	2.0～2.5	2.0～2.5

三、容器的基本知识

(一) 容器的一般含义

容器是具有一定形状、体积,能够存贮某类特定介质,具有一定工艺特性的设备。容器无论是在人们的日常生活、化工生产,还是用于科学研究等领域都是不可或缺的。一般用于化工生产的容器大多都具有一定的承压性能,故又称压力容器。

(二) 压力容器的基本要求

压力容器及化工设备有些是化工生产流程中使用的,有些压力容器则不一定在化工生产中使用。在化工生产使用的容器与设备,有些是生产中的关键设备,有些是辅助设备。不管是关键设备、辅助设备,还是非化工容器,都有其一定的生产效能,能长期安全运转,对其有如下的基本要求:

1. 机械性能要求

(1) 强度

强度是容器设备在载荷作用下抵抗破坏的能力。每台容器设备,不论壳体或部件,都应该具有足够的强度,否则不能正常操作和保障工人的安全。

(2) 刚度

刚度是构件在外力作用下保持原来形状的能力。受外压的容器如果刚度不够,将失稳而破坏。对于受压壳体或零部件,评定机械可靠的标准往往是刚度而不是强度。如受外压的容器,即使强度足够,但刚度不够也会失稳破坏。

(3) 密封性

压力容器或化工设备往往里面盛贮有易燃、易爆、有毒性及强腐蚀的流体介质,如果容器的端盖或开孔连接处不密封,这些介质便会泄漏出来,给环境带来严重污染,使工人的健康受到严重的损害,而且泄漏这些介质本身也是一个损失。如果是真空设备,容器内虽无有毒介质,但若密封性不好,漏进空气破坏真空环境,也是不能允许的。因此,密封性对化工容器来说是非常重要的性能。

(4) 耐久性

压力容器及化工设备的耐久性根据所要求的使用年限而定。化工设备的使用年限一般为 10～12 年,但实际使用年限往往超过这个数字。化工设备的耐久性大多数决定于介质的腐蚀情况。

2. 单位生产能力高

压力容器及化工设备的单位生产能力是指单位时间、单位设备容积(或面积)处理物料的数量。如:硫酸吸收塔的单位生产能力为每小时每立方米容积所处理的硫酸千克数;换热设备的单位生产能力为每小时每平方米传热面积的传热量千卡数。

3. 消耗系数低

消耗系数是指生产单位重量或单位体积产品所消耗的原材料及能量,即原料、燃料、水、电、蒸汽和压缩空气等。容器及设备的消耗系数与工艺线路、工艺方式、设备性能等有关。

4. 制造方便

要满足这个要求,容器及设备在结构上必须有良好的加工工艺,制造方便且能保证质量。

5. 运输与安装方便

容器与设备制造好后,要从制造厂运至使用厂进行安装,还需要运输与安装方便。

6. 运行性能好

容器在使用操作中要求运行性能好,具体的要求是:

(1) 运行方便,操作简单;

(2) 能连续进行操作,自动化程度高;

(3) 装拆和检修方便;

(4) 能进行试验与监控;

(5) 能用标准零件替换。

(三) 压力容器的分类

1. 按所受压力分类

压力容器有各种不同的分类方法,按所受压力的高低,压力容器可分为低压、中压、高压及超高压。

2. 从安全监督管理角度分类

劳动部门为便于安全管理和监督检查,根据容器受压力的高低、生产过程中的重要性以及介质的危害程度等原则进行分类,从安全监督管理角度将压力容器划分成三类。具体的划分标准如下:

(1) 属于下列情况之一者为一类容器:

——非易燃、易爆、无毒介质的低压容器;

——易燃、易爆、有毒介质的低压容器。

(2) 属于下列情况之一者为二类容器:

——任何介质的中压容器;

——剧毒介质的低压容器;

——易燃、易爆、有毒介质的低压反应器和贮运容器;

——容器壁温 $-20\ ℃ \leqslant t \leqslant 0\ ℃$。

(3) 属于下列情况之一者为三类容器：

——任何介质的高压、超高压容器；

——剧毒介质容器；

——易燃、易爆、有毒介质的中压反应器、中压贮运容器；

——容器壁温：高温容器 $t>450$ ℃；低温容器 $t<450$ ℃。

此外，还有按制造方法、容器形状、材料性能等方法分类，根据研究、处理的目的而定。

(四) 级联生产常用容器的性能参数

级联生产车间的容器常用作核物料的蒸发和冷凝，根据容器的蒸发冷凝能力及各装置的运行特点，选择不同的容器，通常按容器的容积进行分类，如 1 L 容器、24 L 容器、50 L 容器、740 L 容器、2.5 m^3 容器、3 m^3 容器、4 m^3 容器等。这些容器的主要性能参数如表 2-11 所示。

(五) 六氟化铀容器工作特点

1. 六氟化铀在容器中的凝华和蒸发

(1) 凝华

铀浓缩工厂的取料过程通常是六氟化铀气体在容器中的凝华过程。将容器在冷却介质中冷却到较低的温度，UF_6 气体进入容器，在容器内降温并在其冷表面上凝华成固体，形成低压区，使取料气流源源不断注入容器。凝华过程释放的热量经固体料层、容器壁面传递到容器外的冷却介质，完成传热过程。可用式(2-14)描述如下：

$$Q=KF\Delta t \tag{2-14}$$

式中：Q——传热量；

K——总传热系数；

F——传热面积；

Δt——传热温差。

传热量 Q，即 UF_6 气体凝华过程的放热量，包括 UF_6 气体降温所释放的显热和凝华潜热。

总传热系数 K，取决于传热途径的三个环节。即气体六氟化铀在容器中冷表面上的凝华换热过程；凝华热经固体料层、容器壁面的热传导过程和容器外壁与冷却介质的换热过程。其中最后一个过程通常属于强制对流换热，效率较高，不起制约作用。在容器工作初期，因为尚未形成固体料层，起制约作用的是气体 UF_6 的凝华换热过程。这一过程是在容器内冷表面附近的边界层中完成的，效率比较低。在有不凝性气体存在时，因边界层中不凝性气体积聚阻碍 UF_6 气体分子向冷表面的运动而使换热效率更低。随着容器装料量的增加，冷表面上凝集的固体料层也不断增厚，由于固体 UF_6 的导热率很低，形成较大热阻，从而产生了另一个制约因素。因此，总传热系数 K 的数值相当小。

为了弥补传热系数低的不足，必须尽量设法增大传热面积 F，增大传热温差 Δt，以便取料过程顺利进行。

增大传热面积的有效措施是在容器内壁上设置隔板。所以供取料厂房的冷凝、蒸发工作容器如 1 m^3、50 L、20 L 等反复使用的周转容器，内部均设计了多层横隔板。但是，对于一次装料后，长期贮存的贫料容器，只设计了少量纵向隔板。因为隔板越多，钢材用量越大，制造成本越高。

表 2-11　常用容器的主要性能参数

性能 \ 容器类型	1 L	2 L	3 L		6 L		24 L		50 L	60 L
水压实验压力	0.6 MPa	—	0.75 MPa		0.6 MPa		0.75 MPa		1 MPa	1 MPa
气压实验压力	0.4 MPa	0.15 MPa	0.5 MPa		0.4 MPa		0.5 MPa		0.6 MPa	0.6 MPa
真空实验标准	48μmHg/24 h	48μmHg/24 h	48μmHg/24 h		48μmHg/24 h		48μmHg/24 h		48μmHg/24 h	48μmHg/24 h
工作压力	0.5～100 mmHg	0.2～10 mmHg	$P_{最大}$=0.5 MPa		1.5～100 mmHg		$P_{最大}$=0.5 MPa		0.5～100 mmHg	0.5～100 mmHg
许用工作壁温	−197～200 ℃	−197～350 ℃	−197～200 ℃		−80～150 ℃		−197～200 ℃		−80～200 ℃	−30～200 ℃
隔板数目	无	无	无		5		6/7		5	12
壁厚	2 mm	4 mm	2 mm		8 mm		4 mm		10 mm	11 mm
容器外径	76 mm	89 mm	98 mm		166 mm		268 mm		360 mm	325 mm
进口阀门直径	Φ10	—	Φ25	Φ1″	Φ10	Φ25	Φ10	Φ1″	Φ25	Φ25
出口阀门直径	Φ3	—	Φ10	Φ10	Φ10	Φ25	Φ10	Φ1″	Φ25	Φ10
容器重量	～9 kg	～4.1 kg	～23 kg	～17 kg	～31 kg	～41 kg	～49 kg	～36 kg	～135 kg	～145 kg
定期实验期限	1 年	2 年	2 年		2 年		2 年		2 年	2 年

续表

性能 \ 容器类型	740 L	30 B	1 m^3	2.5 m^3	3 m^3	3 m^3(B)	3 m^3(C)	2 S取样器
水压实验压力	2.8 MPa	2.8 MPa	3 MPa	—	2.8 MPa	2.8 MPa	2.8 MPa	2.8 MPa
气压实验压力	0.7 MPa	0.7 MPa	0.2 MPa	0.4 MPa	0.7 MPa	0.7 MPa	0.7 MPa	0.7 MPa
真空实验标准	48 μmHg/24 h	48 μmHg/24 h	48 μmHg/24 h	48 μmHg/24 h	48 μmHg/24 h	48 μmHg/24 h	48 μmHg/24 h	≤20 mm 油柱/15 min
工作压力	1.4 MPa	1.4 MPa	$P_{最大}$=0.5 MPa	0.1 MPa	1.4 MPa	1.4 MPa	1.4 MPa	1.4 MPa
许用工作壁温	−40～120 ℃	−40～120 ℃	−30～30 ℃	−30～200 ℃	−197～200 ℃	−40～1 200 ℃	−40～1 200 ℃	—
隔板数目	无	无	6	8	无	46	10	无
壁厚	12 mm	12.8 mm	6 mm	12 mm	16 mm	16 mm		2.8 mm
容器外径	750 mm	760 mm	900 mm	1 212 mm	1 232 mm	1 232 mm		90 mm
进口阀门直径	Φ25.4	Φ25.4	Φ65	Φ25.4	Φ25.4	1 in (1 in=25.4 mm)		Φ25
出口阀门直径	—	—	Φ25	Φ25.4	Φ25.4	1 in (1 in=25.4 mm)		Φ25
容器重量	～600 kg	635 kg	～500 kg	～1 365 kg	～2 041 kg	1 960 kg		1.91 kg
定期实验期限	5年	5年	5年	—	5年	5年	5年	—

传热温差 Δt 是容器中气体温度 t_o 和容器外冷却介质的平均温度 t_c 之差：$\Delta t = t_o - t_c$。所以，增加传热温差有两条途径：降低 t_c 或提高 t_o。降低冷却介质的温度，例如从－20 ℃降低到－70 ℃，当然能提高传热效率。但是，相应的冷冻能耗和冷冻设备的成本也会提高；对容器的材质和制造工艺要求大大提高。因此，在使用固定的周转容器(如冷升器)提取产品时，可采用低温冷冻的方式。而对于一次装料后，长期贮存的贫料容器，则须在较高的温度下运行，以利降低制造成本，节约能耗。

提高容器中的气体温度 t_o，就是提高容器的工作压力。因为在没有不凝性气体存在时，容器内的气体温度应等于与工作压力对应的 UF_6 气体的饱和温度。因此，提高容器的工作压力，实际上是提高气体温度 t_o，增加传热温差 Δt，从而提高传热效率。以恒定流量冷凝取料的容器，随着取料过程的进行，容器内表面上冷凝的料层厚度逐渐增大，使热阻增大而传热系数 K 逐渐下降。为保持取料流量及维持传热过程的正常进行，必须逐渐提高取料压力即提高传热温差 Δt，以弥补传热系数的下降。所以，容器在冷凝取料中总是伴随着取料压力上升过程。

(2) 蒸发

蒸发主要用于级联供料及物料转移处理。其过程是容器中的固体或液体物料从加热设备吸收热量，转变成气体，经容器本身阀门、供料管线流向级联的供料点或其他容器。为保证供料流量，供料容器必须具有一定的蒸发能力。容器的蒸发能力取决于容器中物料的状态、温度、容器的结构和加热器的功率等因素。

蒸发传热过程与凝华过程相比，传热效率高得多，这是因为物料表面的蒸发过程没有边界层效应。虽然固体料层的热阻仍然是制约因素，但通过对物料预热，提高料层温度，增大加热功率，提高传热温差，可以克服热阻，提高传热效率。

对于凝华装料的容器，由于凝华效率低，设计了多层隔板，以增加传热面积，而且容器的进出口阀门口径也较大。因蒸发面积大，通道畅通，从而使得容器的蒸发能力较强。

液态装料的容器如国际通用的 48 型容器，因为液态 UF_6 流动性好，为了运输和贮存安全，只设一个通径 1 in 的阀门作为物料的进出口。这个阀门成为蒸发供料时的瓶颈。为了克服流动阻力，必须将容器中的物料加热到较高的温度，产生较高的压力，以增大流通能力。加热功率必须足以维持容器中物料的温度，满足蒸发所需的热量。必要时，将物料加热至完全液化。物料液化后，不仅因为液体蒸发所需的汽化热低于固体蒸发的升华热，而且因为液体处于沸腾状态，蒸发能力将成倍提高。

2. 容器的使用要求和检查、清洗与维修

(1) 对容器的要求

1) 清洁度

不论是新 UF_6 容器，还是在使用中的 UF_6 容器，它的清洁度是首要问题。为安全起见，必须防止烃油类物质引入容器中。UF_6 容器的清洁度是核工业极为关切的问题，因为 UF_6 与烃油类(即使少量)及其他某些杂质可发生剧烈反应，并能引起严重的爆炸事故，同时 UF_6 的纯度也将受到不利影响。从容器中把空气抽空不要用含油真空泵，因为这种泵没有配备足够容积的回油箱来防止停泵情况下油回流到容器中。应使用空气喷射器或其他类似抽空设备，以防止反应污染物进入容器中。

① 新容器。容器内部应完全清除油脂、油污、污垢、结渣、氧化物、脏物、水分和其他外

来物。内表面应该是清洁干燥，无杂物。

② 使用中的容器。含有残量铀的容器在重装 UF_6 前，需要清洗；在维修或进行水压试验时，也需要清洗，以保证产品纯度。

③ 容器外表面。容器表面要检测，并清除表面污染，以符合辐射防护要求。

④ 容器清洗和去污。按容器清洗规程和大容器去污方法并严格执行。

——容器的压力试验

① 新容器或检修后容器的压力试验。容器制成以后或检修后投入生产之前应进行压力试验。压力试验的目的在于检查容器的宏观强度和致密性。压力试验一般可以根据容器的特点选用液压或气压。通常选用液压试验，不宜充液体的容器可以用气压试验代替液压试验。

液压试验通常选用水，试验的环境温度和水温不应低于材料的无塑性变形温度，且不应低于 5 ℃。液压试验时，压力应缓慢上升，达到规定的试验压力后，应保持足够长的时间(不少于 20 分钟)，以便对所有的焊缝和连接部位进行检查。试验结果应无明显渗漏现象和可见的残余变形为合格。

进行气压试验的压力应小于液压试验，$p_r = 1.15$ Pa，试验温度最好不低于 15 ℃。气压试验一般采用惰性气体，对于低压容器可以采用空气。试验时，压力应缓慢上升，当达到规定的气压试验压力的 50%以后，压力应以每级为试验压力的 10%左右逐级增至试验压力，然后降至 85%的试验压力，保持足够长的时间进行检查。为了保证安全，气压试验前必须全面检查容器的质量，焊缝应进行 100%探伤，试验时应有必要的防护措施。在压力试验时，容器的任何受压部件其计算应力不得超过材料在试验温度下屈服极限的 90%(液压试验时)和 80%(气压试验时)。

由于压力试验只能反映容器的宏观缺陷，而且试验是在常温下短时间内进行的，因此不能依靠这个来判断一个历史不清的现成容器能否进行现成操作，必要时，至少要经过验证性的液压试验。

② 容器的定期试验。已到试验期限的容器应分别作水压或气压试验。容器水压或气压试验按 EJ190 的有关规定进行。水压试验结束后，将容器内的水倒净(1 L 容器用蒸馏水冲洗一遍)，用经干燥脱脂处理的热压缩空气吹干，再在控制温度为 100 ℃±5 ℃的烘箱内烘烤 24 小时。

2) 容器的检查

① 常规检查。在接收所有 UF_6 容器时和在取样、抽空、充料或装运之前，都要进行常规检查，已确保它们处于安全和可用条件下。收到供料容器时，应进行严格检查并校验它的冷压(环境温度下测量的真空度)，以限定其内压不超过 0.069 3 MPa(520 mmHg)。如有泄漏迹象，应采取防漏控制措施，并立即通知发货方。收到要装填产品或贫化铀的干净空容器时，要检验称重。检验包括对容器内部做孔镜检查。空容器必须无杂质，特别是含氢化合物，它能污染或与装入容器内的 UF_6 发生反应。在泄漏检查中，空容器要用惰性气体打压最小到 0.693 MPa 做皂泡试验，然后将可接受的容器抽空到或低于 34.45×10^3 Pa。

仔细检查容器和阀门是进行任何操作的重要前提。充装料的容器很容易被压凹或损坏，因此容器必须小心搬运。

② 定期检查和试验。所有容器在它们整个使用寿命期间，都应定期检查和试验，时间

间隔不超过五年。但对那些已充装 UF_6 的容器,可不需专门为检查和试验而倒空。然而对那些在五年内未经检查和试验的容器,当它们排空未做适当的再检查、再试验和重新打铭牌之前,不应再充装物料。在要求的五年时间内,未经再检验的盛有 UF_6 的容器。在装运前应直观检查容器壁的剥蚀情况,对可能存在隐患的情况,都要进一步调查研究,如果允许的话,可做超声波壁厚测量。

定期检查应由具备资格的检查人员进行,即通过国家锅炉和压力容器检验主管部门书面考试合格人员,或是由容器检验主管部门指派的专职检验人员。

(2) 容器清洗

具有下列情况之一的容器必须清洗:

——压力试验到期的容器;

——装料丰度需要改变的容器;

——残余料超过规定值的容器;

——非定期检修发现缺陷需要修理的容器。

清洗方法和步骤:

1) 水解

向容器内加水,用压缩空气搅拌或转动容器,直至卸出水解液后容器不再冒烟。

2) 碱洗

① 容器碱洗

将配制好的质量分数为5%的碳酸钠溶液和质量分数为27.5%以上的过氧化氢同时加入容器,加入量约为容器容积的1/3和1/2,通蒸汽加热后用压缩空气搅拌和(或)转动容器,直至卸出清洗液清澈为止。

② 阀门零件碱洗

用质量分数为5%的碳酸钠溶液和质量分数为27.5%以上的过氧化氢浸泡1 h,通蒸汽加热,压缩空气搅拌擦洗,然后转入另一水槽用水冲洗。

3) 水洗

向容器内加水,用压缩空气搅拌或转动容器,直至卸出水洗液清澈为止。

4) 除锈

① 60 L、300 L、740 L、1 m^3、3 m^3 容器用草酸除锈,将质量分数为4.5%~10%草酸溶液加入容器,加入量为1/3~1/2容器容积,通蒸汽加热至70~80 ℃,再用压缩空气搅拌,浸泡24 h后抽出草酸洗涤液。然后按③规定进行水洗。

② 1 L容器用酒精擦洗除锈。

③ 60 L、300 L、740 L、1 m^3、3 m^3 容器上的阀门,零件用质量分数为1%~2%的草酸溶液浸泡,通蒸汽加热,压缩空气搅拌擦洗,然后转入另一水槽用水冲净。

5) 吹干、烘烤

用脱脂的热压缩空气吹干容器及阀门部件,送至烘箱(控制温度为100 ℃)烘烤24 h后检测清洗质量。

容器清洗后检查项目及要求:

1) 1 L容器

① 除颈部允许有个别斑点状的腐蚀存在外,其余部位不允许有大面积的轻微变暗。

② 筒体及填料密封处不允许有划痕和碰伤凹坑。

2）60 L、300 L、740 L、1 m^3、3 m^3 容器

① 外表面碰伤凹坑或划痕深度不得超过其容器壁厚的 10%，黄色附着物不得超过总面积的 10%。

② 阀芯、波纹管和阀门通道可见面不允许有腐蚀痕迹、绿色斑点、沉积物、水分、划痕和白色的碱性物质。

③ 容器内部必须清洁、干燥、不带任何污物。

④ 外表面剂量沾污、放射性活度均不大于 0.17 Bq/cm^2；

⑤ 容器清洗后，对容器壳体与封头按规定进行超声波壁厚测量，测量点在容器外表面应均匀分布，并将测量数据记录在容器台账上。

（3）容器检修与维护

具有下列情况之一的容器应予以修复或报废：

——容器阀门泄漏；

——容器进出口管、温度计套管、法兰等元件腐蚀脱落，变形断裂或严重损坏；

——容器堵头泄漏；

——法兰密封面轻度机械损伤；

——容器壁厚测量值出现小于规定值。

容器阀门的更换

① 装有 UF_6 容器上的镀锡阀门的更换，首先要保证容器冷却到要求的时间，如有可能，还要做冷压力测量，以确定其压力低于大气压，然后进行更换。

② 更换时，操作人员应使用专用的安全设备和工具。当阀门缓慢打开时，不允许出现出气现象，而漏入空气是可以听到的。

③ 经事先检查过的新镀锡阀门，一旦将有缺陷的阀门卸下后，就马上插入定位销。然后将替换的阀门以不小于 271 N·m 且不大于 542 N·m 的扭矩拧入容器上。

④ 新镀锡阀门插入容器后，被拧入的螺纹数不论哪种阀门都在 7～12 扣之间。这些阀门按厂家制造有 13～14 个丝扣。如有可能，在阀门接头的螺纹处用 35 kPa 压力做皂泡试验，以保证良好的密封性，或在阀门更换后记录其真空度亦可。

⑤ 如果 5 天后压力没有变化，说明密封性良好。换好阀门之后，需要在室温下将容器内空气抽去，以防止修好的容器在以后加热过程中出现高压。

四、加油器基本知识

加油器是补压机的重要组成部件之一，用它可以为补压机定期加注润滑油，以维护补压机的正常运行。加油器为活塞式结构，用于补压机轴承的润滑加油。其结构简图如图 2-6 所示。每台补压机有两个加油器，分别装在其前后轴承。加油器油室容积 30～34 mL，内装有常温下密度为 2 g/cm^3，型号为 УПИ 油。注满油的加油器油室总油份数为 96 份，标识刻度为 72 份。正常运行的补压机必须进行计划加油，以保持其轴承具有良好的润滑。当油室内总油份数较少或从中发现缺陷时，必须进行更换。

给正在运行设备更换加油器时，须冷凝油管。

加油器随补压机进行计划检修，分为大修和小修。大修周期为 8～10 年（使用 4851#

油,即K油,又称1#油)和5.5年(使用4831#油,即氟氯碳油)。

加油器的部件主要由油室、活塞、螺栓、两个闭锁阀和输油管等几部分组成。

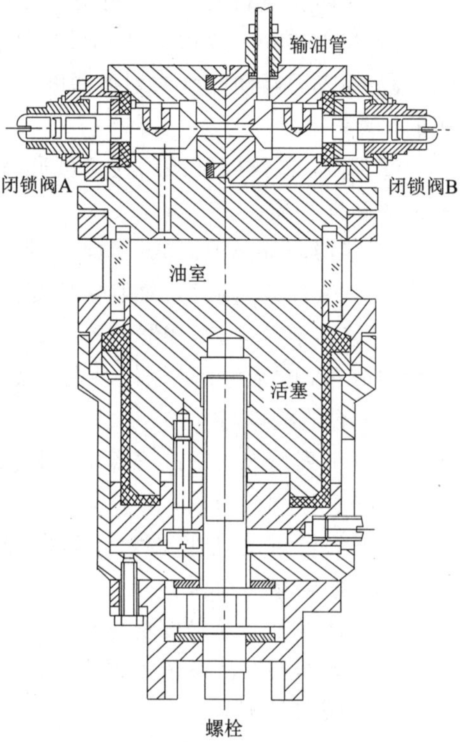

图 2-6　加油器的结构简图

(一) 用加油器加油的基本操作方法

工作时加油的基本方法如下:

1. 如果补压机的加油器属首次对轴承加注润滑油,则应首先进行除气工作,具体操作为:

打开加油器本身闭锁阀A,在未打开输油铜管端闭锁阀的情况下,先类似加油操作,用加油扳手套入加油器底部螺栓(六方体),加油若干份,直到扳动六方体困难时为止。此时,油并未进入轴承。随后,可按正常情况继续进行加油。除首次加油外,其余情况下的加油均按以下步骤进行。

2. 加油前,检查加油器内是否有气泡,如果加油器内有气泡,应首先进行除气,除气方法同上条。

3. 先打开加油器本身闭锁阀A,后打开输油铜管端闭锁阀B,用扳手反方向旋转螺栓推动活塞加油,听到"喀哒"声后为加1份油。加油份额超过1份时,加注每份油之间的停留时间不少于10 s。

4. 待最后一份油加完后,停留15~20 s后,先关闭输油铜管端闭锁阀B,再关闭加油器本身闭锁阀A。检查确认无误后,即完成操作。

(二) 加油器主要性能参数

T-44、OK-19П、OK-7/8补压机所用的加油器型号有所区别,但它们的主要性能参数基本一致,如表2-12所示。

表 2-12　各类加油器主要性能参数表

序号	参数名称	T-44	OK-19П	OK-7/8
1	加油器型号	2Z1.2	СД-68	Сб-68-A
2	油型号	УПИ		
3	油密度/(g/cm³)	2		
4	油杯容积/cm³	30~34		
5	一份油容积/cm³	0.35		
6	最大装油份数/份	96		
7	贮油重量/g	60~68		
8	贮油容积/cm³	30~34		
9	加一份油重/g	0.7±0.1		
10	加油活塞直径/mm	52		
11	加油活塞冲程/mm	16		

(三) 加油器更换

加油器更换的条件是加油器中的润滑油已耗尽(或加油器内油量达到有关技术规定的最小值),或加油器内润滑油有缺陷(如:油内有杂质、油质混浊、气泡多并且不能完全去除等)。

更换加油器及投入运行的措施及要求:

1. 将要更换的加油器输油管用液氮冷冻充分。
2. 四五分钟后,打开加油器闭锁阀 B、闭锁阀 A,注入至少 3 份油,形成油封。
3. 关闭加油器闭锁阀 A、闭锁阀 B,将加油器卸下,装上新加油器。
4. 打开闭锁阀 B,进行密封性检查。
5. 关闭闭锁阀 B,打开闭锁阀 A 后进行除气。
6. 打开闭锁阀 B,加油 11 份,关闭闭锁阀 B 和闭锁阀 A,投入运行。

(四) 加油器检修

加油器检修包括:大修和小修。大修分为:拆卸、清洗和装配三个部分;小修主要包括:闭锁阀检修和油管检修。

(五) 加油器中润滑油的油位检查

加油器油位检查要按规定的加油进度和异常情况加油份数来检查统计,每次检查的结果要记录在规定格式的记录本上。

加油器油位检查时要记录润滑油液面刻度和边沿号码,如:78/4 表示液面刻度为 78,边沿号码为 4,即剩余润滑油为 78－4＝74 份油。

在检查液面刻度和边沿号码时,应检查:

——加油器油箱中润滑油状况,有无异物、气泡和浑浊现象;

——加油器、阀门、加油管的完整性,加油螺栓边沿数码标志与油杯刻度线标志清晰度。

发现缺陷时,工作人员必须在值班日志上作记录。

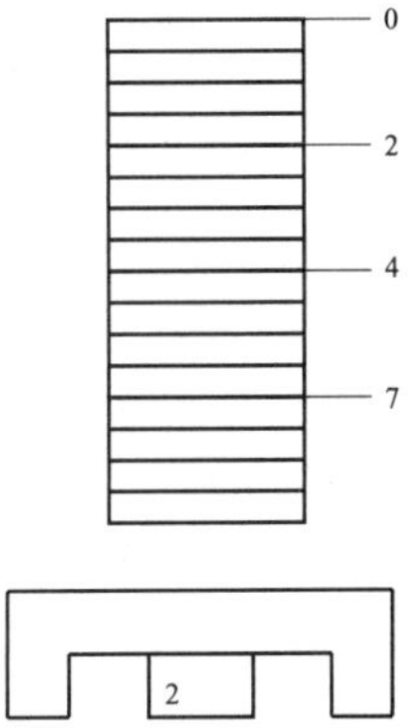

图 2-7　加油器油位面和边沿号码

五、真空技术基础知识

(一) 真空的概念

“真空”是指在给定空间内低于 1 个大气压力的气体状态,也就是该空间内的气体密度小于该地区大气压所对应气体密度的状态。不同的真空状态,就意味着该空间具有不同的分子密度。完全没有气体的空间状态称为绝对真空,绝对真空实际上是不存在的。

真空度是指处于真空状态下气体的稀薄程度的习惯用语,在实际度量中用单位体积内气体分子的数量(气体分子密度)来描述很不方便,宏观上用压强这个物理量来表述真空度的高低,压强和真空度的物理意义是不同的,真空度越高,意味着压强越低,反之,压强越高表示真空度越低。

(二) 真空的测量单位

真空可以直接用绝对压力来表示,也常采用真空度的概念,真空度是大气压与绝对压力的差值,二者单位均为 Pa 或 Torr(1 Torr＝1 mmHg)。

(三) 真空区域的划分

真空区域按压力范围可划分为:低真空(10^5～10^2 Pa)、中真空(10^2～10^{-1} Pa)、高真空

(10^{-1}～10^{-5} Pa)、超高真空(<10^{-5} Pa)等区域。要达到这些压力要求,可采用不同的真空系统来实现。

(四) 真空系统

真空系统就是用来获得并测量有特定要求真空度的抽气系统。真空系统由真空容器和产生真空、测量真空、控制真空等的组件组成。一个较完善的真空系统包括:

1. 抽气设备,如各种真空泵;
2. 真空测量装置,如各种规管;
3. 真空阀门,如各种阀门;
4. 导管,如各种连接管;
5. 其他元件,如捕集器、真空连接接头、储气罐、波纹管和真空继电器规头等。

(五) 真空泵的分类

真空系统中用以产生、改善和维持真空的装置,即为真空获得设备,又称真空泵。按其工作原理,可分为气体传输泵和气体捕集泵两种类型。

气体传输泵是一种能使气体不断地吸入和排出以达到抽气目的的真空泵。这种气体传输泵分为容积式和动量传输式两大类。

1. 容积式真空泵

是利用泵腔容积的周期变化来完成吸气和排气的装置。气体在排出前被压缩。这种泵分为往复式和旋转式两大类。往复式真空泵又称活塞式真空泵,利用泵腔内活塞往复运动,将气体吸入、压缩并排出。旋转真空泵,利用泵腔内活塞旋转运动,将气体吸入、压缩并排出。其包括的类别很多,大致有如下几种:

1) 油封式真空泵:利用油类密封各运动部件之间的间隙,减少有害空间的一种旋转变容真空泵。这种泵通常带有气镇装置,故又称气镇式真空泵。按其结构分为:旋片真空泵、定片真空泵、滑阀真空泵、余摆线真空泵和多室旋片真空泵等。

旋片真空泵:转子以一定的偏心距装在泵壳内,在转子槽内装有两个(或两个以上)旋片,当转子旋转时旋片能沿其径向槽往复滑动且与泵壳内壁始终接触,此旋片随转子一起旋转,可将泵腔分成几个可变容积。旋片真空泵的特点:其工作压强范围为 101 325～1.33×10^{-2} Pa 属于低真空泵;它可以单独使用,也可以作为其他高真空泵或超高真空泵的前级泵;结构简单,工作可靠。由于它以油作为密封物质,因此它会造成油蒸气的回流和对真空系统造成油的污染。

滑阀真空泵:在偏心转子外部装有一个滑阀,转子旋转带动滑阀沿泵壳内壁滑动和滚动,滑阀的上部和滑阀杆能在可摆动的滑阀导轨中滑动,从而把泵腔分成两个可变容积。

2) 干式真空泵:一种不用油类(或液体)密封的变容真空泵。

3) 液环真空泵:带有多叶片的转子偏心装在泵壳内,当它旋转时,把液体(通常为水或油)抛向泵壳形成与泵壳同心的液环,液环同转子叶片形成了容积周期变化的几个小容积,故又称旋转变容真空泵。

4) 罗茨真空泵:泵内装有两个反向同步旋转的双叶形或多叶形的转子,转子间、转子同泵壳内壁之间保持一定的间隙,属于旋转变容真空泵。罗茨真空泵的特点:在较宽的压强范围内有较大的抽速;起动快,能立即工作;对被抽气体中含有的灰尘和水蒸气不敏感;转子不必润滑,泵腔内无油;振动小,转子动平衡条件较好,没有排气阀;驱动功率小,机械摩擦损失小;结构紧凑,占地面积小;运转维护费用低;压力范围为 0.1～1 000 Pa,其极限真空度可以达到 10^{-2} Pa。

2. 动量传输泵

依靠高速旋转的叶片或高速射流,把动量传输给气体分子,使气体连续不断地从泵的入口传输到出口。具体可分为:分子真空泵、喷射真空泵、扩散泵、扩散喷射泵和离子传输泵等。

1) 喷射真空泵是利用文丘里(Veuturi)效应的压力降产生的高速射流把气体输送到出口的一种动量传输泵,适于在黏滞流和过渡流状态下工作。可详细分为以下三种:

——液体喷射真空泵:以液体(通常为水)为工作介质的喷射真空泵。

——气体喷射真空泵:以非可凝性气体作为工作介质的喷射真空泵。

——蒸气喷射真空泵:以蒸气(水、油或汞蒸气等)作为工作介质的喷射泵。

2) 扩散泵是以低压高速蒸气流(油或汞等蒸气)作为工作介质的气体传输泵。气体分子扩散到蒸气射流中,被送到出口,在射流中气体分子密度始终是很低的。

具体为在前级真空泵所造成的低真空条件下,加热泵内硅油,使受热沸腾蒸发,生成蒸气,以极高速度通过该泵的各级喷口的缝隙喷出,使容器内部的气体分子扩散到蒸汽中被带到前级真空泵所能作用的位置,由前级真空泵迅速抽出,使系统达到高真空的要求。

扩散泵的特点:其工作压力范围为 $1～10^{-6}$ Pa;不能直接与大气相连,在使用油扩散泵之前需要采用各种形式的机械泵将系统预抽到 1 Pa 左右;由于泵内油蒸气的回流会直接造成真空系统的油污染,因此在材料表面分析仪器和其他超高真空系统中一般不采用油扩散泵。

(六) 真空泵的主要性能参数

真空泵的主要性能有:抽气速率(体积流率,单位 $m^3 \cdot s^{-1}$ 或 $L \cdot s^{-1}$)、抽气量(单位 $Pa \cdot m^3 \cdot s^{-1}$ 或 $Pa \cdot L \cdot s^{-1}$)、极限压强(极限真空,单位 Pa)、启动压强(单位:Pa)、前级压强(单位:Pa)、最大前级压强(单位:Pa)、最大工作压强(单位:Pa)等。

(七) 真空泵的用途

根据真空泵的性能,在各种应用的真空系统中它可以承担如下工作。

1. 主泵:在真空系统中,用来获得所要求的真空度的真空泵。

2. 粗抽泵:从大气压强开始,降低系统的压强达到另一抽气系统开始工作的真空泵。

3. 前级泵:用以使另一个泵的前级压强维持在其最高许可的前级压强以下的真空泵。前级泵也可以做粗抽空泵使用。

4. 维持泵:在真空系统中,当抽气量很小时,不能有效地利用主要前级泵,为此,在真空系统中配置一种容量较小的辅助前级泵维持主泵正常工作或维持已抽空的容器所需之低压的真空泵。

5. 粗(低)压真空泵:从大气开始,降低容器压强且工作在低真空范围的真空泵。

6. 高真空泵:在高真空范围工作的真空泵。

7. 超高真空泵:在超高真空范围工作的真空泵。

8. 增压泵:装于高真空泵和低真空泵之间,用来提高抽气系统在中间压强范围的抽气量或降低前级泵容量要求的真空泵。

(八) 级联生产车间常用真空泵使用的基本知识

级联生产车间一般要求将设备或容积抽空到中高真空，在级联大厅常用滑阀真空泵、油扩散真空泵和喷射泵；在供取料厂房常用罗茨泵(组)、旋片泵，这些泵的基本性能参数如表 2-13～表 2-14 所示。

表 2-13 常用真空泵的主要性能参数

性能参数	单位	AВЭ-125Д 滑阀泵	AВЭ-20Д 滑阀泵	2НВБМ-250 油扩散泵	КЗН-2 喷射泵
前级泵	台	—	—	AВЭ-20Д	—
抽气速率	L/s	125	20	2 600	—
极限真空度	mmHg	$<4\times10^{-2}$	$<4\times10^{-2}$	$<5\times10^{-6}$	300～140
最大进口压力	mmHg	150	150	1×10^{-1}	—
最大工作压力	mmHg	10	10	1.5	—
电机功率	kW	10	2.2	—	—
真空油型号	—	BM—4、6	BM—4、6	BM—3	—
每次注油量	L	20	3.5	17	—
冷却水耗量	L/h	1 250	—	360	—
出水量	kg/s	—	—	—	0.06～0.08
供给泵的压缩空气压力	kg/cm^2	—	—	—	2～5
压缩空气耗量	kg/s	—	—	—	0.05～0.16

表 2-14 常用真空泵的主要性能参数

性能参数	单位	H-150 滑阀泵	2H-30A 滑阀泵	ZJ-150A 罗茨泵	ZJ-30 罗茨泵	2XZ-8 旋片泵	JZJ-30 罗茨泵组	JZJ2H150/5A 罗茨泵组
前级泵	台	—	—	—	—	—	2XZ—8	2H—30A
抽气速率	L/s	150	30	150	30	8	30	150
极限真空	mmHg	8×10^{-3}	4×10^{-4}	1.4×10^{-4}	4×10^{-4}	4×10^{-2}	5×10^{-4}	8×10^{-5}
最大进口压力	mmHg	100	10	20	20	5	15	20
最大工作压力	mmHg	10	2	2	2	1	2	2
泵转速	r/min	450	490	—	2 830	1 450	—	—
电机功率	kW	15	4	2.2	0.8	1.1	主泵 0.8； 前级泵 1.1	主泵 2.2； 前级泵 4
真空油型号	—	1#真空泵油						
每次注油量	L	30	6	1.5	1	1.8	主泵齿轮箱 1； 前级泵 1.8	主泵齿轮箱 1.5； 前级泵 6
冷却水耗量	L/h	700	135	1 200	—	—	—	1 335

(九) 真空测量用的元件

真空测量用的元件常被称为真空规，具体有热偶真空规、皮拉尼真空规、电离真空规和薄膜真空规。热偶真空规和皮拉尼真空规都是以气体的热导率随气体压力的变化为基础而设计的,它们是低真空时最常用的测量手段。

1. 热偶真空规工作原理

在热偶真空规中,在作为热丝的 Pt 丝中通过恒定强度的电流。在达到热平衡以后,电流提供的加热功率与通过空间热辐射、金属丝热传导以及气体分子热传导而损失的功率相等,因而热丝的温度将随着真空度的不同而呈现有规律的变化。

在 0.1～100 Pa 的压力范围内,气体的热导率将随着气体压力的增加而上升,因而热丝的温度会随着气体压力的上升而降低。这时,用热电偶的方法测出热丝本身的温度,也就相应测出的环境的压力。

热偶真空规不能用于较低或较高真空度的测量。

在气体压力高于 100 Pa 的情况下,气体的热导率将不再随气体压力而显著变化。这时,用热丝温度测量气体压力方法的灵敏程度将迅速下降。

当气体压力低于 0.1 Pa 以后,由于气体分子传导走的热量的总加热功率中的比例过小,测量的灵敏度也将呈下降趋势。

2. 皮拉尼真空规工作原理

皮拉尼真空规有时称为热阻式真空规,其工作原理与热偶真空规相似,皮拉尼真空规以电桥的方式,通过测量热丝的电阻随温度的变化来实现对真空度的测量。

经常与热偶真空规结合使用的高真空规称为电离真空规,它是在高真空范围内最常使用的测量工具。

3. 薄膜式真空规工作原理

薄膜式真空规是一种依靠金属薄膜在气体压力差作用下产生机械位移,从而可用于气体绝对压力测量,测量结果与气体种类无关的真空规。

薄膜真空规有两个被隔离的真空腔。当一个真空腔内的压力为已知,另一个真空腔的压力为未知的情况下,薄膜的位移量将与两个腔内的压力差成正比。为提高测量的准确度,薄膜位移是靠测量薄膜与另一个金属电极间的电容的变化来实现的。

六、设备维护和检修知识

设备是工厂安全、可靠、经济运行的物质基础,搞好设备维护和检修,提高维护和检修质量,是保证设备安全、经济运行,提高设备可用系数,充分发挥设备潜力的重要措施,是设备全过程管理的一个重要环节。设备维护和检修质量是造成损失和不良影响的重要因素。

(一) 设备维护保养

1. 各运行单位制定本单位所辖设备维护保养细则,明确巡回检查、加油、清扫、状态监测、缺陷处理和排除故障等具体要求。

2. 岗位的维护保养工作应包括工器具和防火、防尘、防毒、防汛、防冻设施的检查和保养。

3. 设备的使用和维护保养要实行定人、定机、持证操作。专人使用的设备由操作者负责,公用设备要指定专人负责管理。

4. 对于关键设备,要严格实行定人、定机、定操作规程、定保养细则。

5. 设备发生缺陷带故障运行时,应加强巡回检查,制定经有关人员审批的临时维护规程。

6. 设备操作人员要坚持十字作业法(清洁、润滑、紧固、调整、防腐),做到四懂三会(懂设备结构、懂设备原理、懂设备性能、懂工艺流程,会操作、会维护保养、会排除故障)。

7. 设备操作人员,要严格遵守设备操作规程,合理使用设备,严禁超负荷运行。对现场管理人员或上级部门的违章指挥,设备管理人员有权制止,操作人员有权拒绝,直至越级报告,并对违章指挥者追究责任。

8. 建立健全设备润滑管理制度。对设备润滑的五定(定人、定机、定期、定质、定量)进行管理,对关键设备建立专门设备润滑卡片和润滑规程。设备管理部门进行监督检查。

9. 加强设备的防腐工作,做好设备的防火、防爆、防尘、治漏及环保等专项工作。

10. 对设备上的在线仪表要按周期进行检定、维护修理,实行严格管理,不符合要求的仪表应及时作出处理。

11. 对连续运行的设备,操作人员必须严格执行交接班制度,认真填写各种原始记录。

12. 编报设备管理报表,报表应反映设备的运行、备用、检修、设备故障及缺陷处理情况、关键及重要设备运行台时、润滑记录等内容。

13. 对吊车、压力容器等特种设备的使用、维护、检查、预防性试验和维修的管理,按有关规定执行。

(二) 在运行设备上进行试验

在运行设备上进行试验时,必须制订试验措施。并经生产技术管理部门审核,相关领导批准。试验措施应包括以下内容:试验目的,试验项目、时间及进度,试验时设备的运行方式,试验方法,试验时的安全措施,对有关单位的要求和注意事项,组织领导。

在运行设备上进行试验工作,必须经值长和运行班长同意,方可进行。试验中如需变更试验计划,应经原批准人同意后方可改变。试验中发生故障时,应立即停止试验。试验结束后,试验负责人应通知值长和运行班长,并负责整理出试验报告报送有关部门。

(三) 设备检修质量控制

1. 由运行人员开展运行分析

分析设备运行状况及存在的问题,提出设备缺陷和对设备检修及改进质量的要求。对检修管理来说属于用户的信息调查。

2. 由检修专业人员开展对设备调查分析

根据设备运行的客观规律,联系设备内在条件,进行必要的修前测试,找出设备存在的问题和影响使用质量的因素。

3. 由技术监督和设备诊断部门对设备进行诊断分析

通过检测装置在线检测,发现设备问题和潜在的隐患,作出诊断分析并提出处理意见。其中包括为预防设备故障而需在检修中进行的技术监督测试工作计划。

4. 检修计划

综合以上三方面,在年度检修计划的基础上,确定应修项目、改进项目、检修规模、实施期限与工期，通过平衡协调各方面的工作，确定检修的具体目标，提出各项控制指标。按“应修必修、修必修好”的原则，合理确定检修项目，即要防止硬撑硬挺，忽视质量，该修不修甚至设备失修，又要防止盲目大拆大换、浪费资金。

5. 检修网络图

应用检修网络图，根据检修总工期，有计划编排各个环节的检修时间，抓住检修的主要矛盾、关键工序、关键路线，确定各项时间参数，在计划工期内全面完成计划检修项目的同时，力求工期短、效率高、费用低，提高经济效益。

6. 检修质量标准和工作标准

制订各项检修计划、实施步骤和质量控制措施等技术文件，明确必要的质量标准和工作标准。其中包括：

1）检修时拆、查、修、装、试各道工序质量控制点。

2）施工技术组织措施、安全措施。

3）质量检查验收的程序措施和组织工序。

4）检修作业指导书，检修工艺规程、质量标准等。

5）健全真实的技术记录。

6）落实检修经济责任制，将检修质量与其经济利益挂钩，有奖有罚，激励检修人员的责任感。

7）落实检修的备品、备件、材料的进货验收制度，确保可靠来保障检修的质量。

7. 检修前测试

对检修设备进行修前测试、技术监督和解体检查，对测试和检查的数据进行分析，发现问题查明原因，并落实处理措施。及时调整检修计划，制定补充措施。

8. 检修质量的保证

为了确保检修质量，必须做好下列事项：

1）解体、组装不丢项漏项，对各零部件要仔细清扫检查。

2）认真发挥技术监督和技术诊断作用，发现问题决不放过。

3）根据检修标准及时判断设备缺陷程度，对频发缺陷要根治解决。

4）检修设备要尽快解体，为消除缺陷、改造、更新赢得充足的时间。

5）做好工具、仪表、零部件的管理，并要制度化。要做到文明施工（工完料净现场清）。

6）要严格抓好特殊工序的质量监控工作。在遇有重大的工作时，必须要有保障质量的安全措施和技术措施。

（四）检修设备

设备检修工作要运用全面质量管理、可靠性管理、系统工程和设备综合工程学等现代化科学管理方法，并按经济规律办事，在检修中推行全优工程承包办法，把检修的质量、进度、工期、安全、节约（工料）与检修人员的积极性结合起来；促进检修管理水平的提高，提高检修质量和工效，缩短工期，保证设备安全经济运行。

1. 设备检修的分类

（1）定期检修

定期检修是一种以时间为基础的预防性检修，根据设备磨损和老化的统计规律，事先确定检修等级、检修间隔、检修项目、需用备件及材料等的检修方式。

(2) 状态检修

状态检修是指根据状态监测和诊断技术提供的设备状态信息,评估设备的状况,在故障发生前进行检修的方式。

(3) 改进性检修

改进性检修是指对设备先天性缺陷或频发故障,按照当前设备技术水平和发展趋势进行改造,从根本上消除设备缺陷,以提高设备的技术性能和可用率,并结合检修过程实施的检修方式。

(4) 故障检修

故障检修是指设备在发生故障或其他失效时进行的非计划检修。

2. 设备检修的管理制度

各设备主管单位应及时向上级生产主管部门反映设备故障缺陷情况,以便主管部门组织及时处理和合理安排检修。主管部门定期将设备中修、小修计划经主管领导审批后上报上级设备主管部门和检修单位,并下发各相关单位配合执行。

按正常检修周期进行大修的设备,应编制大修计划,自行大修或按设备状况需提前进行大修的计划,各单位应在规定期限内提出,编制大修方案并经审核、审批后执行。

(五) 验收设备

设备检修后,各部门应按各自的验收职责进行验收交接。验收程序中应包含:人员组织,安装和检修单位介绍情况并出示安装和检修纪录,按职责和验收质量标准对设备无负荷状态下和带负荷状态下的检查与测定,有关技术人员及相关验收人员确认设备检修质量合格、无异常情况可视为通过现场验收。

设备现场验收后,在规定的试运行期限,若出现异常问题,设备所辖单位应及时将异常问题向上级主管部门反馈。

为保证设备验收质量和工作有序进行,可实行三级验收制,见表 2-15。

表 2-15 三级验收制

验收类别	设备类别	验收主持人	验收工作参加人员	
			使用单位	安装(检修)单位
安装	各类	安装单位及专业处室领导	主管领导、部门、单位设备员(技术员)、值班主任,专业处室有关人员	单位领导、施工负责人及有关人员
设备大修	关键	设备主管专业处室领导	主管领导、部门、单位设备员(技术员)、值班主任,主管专业处室有关人员	单位领导、检修负责人及有关人员
	重要	使用单位主管领导	主管部门相关人员、单位设备员(技术员)、值班主任	单位领导、检修负责人等
	一般	使用单位设备管理员	单位设备员(技术员)、值班主任或值班长	检修负责人等

续表

<table>
<tr><th rowspan="2">验收类别</th><th rowspan="2">设备类别</th><th rowspan="2">验收
主持人</th><th colspan="2">验收工作参加人员</th></tr>
<tr><th>使用单位</th><th>安装(检修)单位</th></tr>
<tr><td rowspan="3">设备中修</td><td>关键</td><td>使用单位
主管领导</td><td rowspan="2">主管部门、单位设备员(技术员)、值班主任或值班长</td><td>单位领导、检修负责人等</td></tr>
<tr><td>重要</td><td>使用单位
设备管理员</td><td rowspan="5">检修负责人等</td></tr>
<tr><td>一般</td><td rowspan="4">单位设备管理员
(技术员)</td><td rowspan="4">值班主任或值班长</td></tr>
<tr><td rowspan="3">设备小修</td><td>关键</td></tr>
<tr><td>重要</td></tr>
<tr><td>一般</td></tr>
</table>

质量验收实行检修人员自检和验收人员验收相结合。检修人员必须坚持质量第一，在检修过程中严格执行检修工艺规程(作业指导书)和质量标准。验收人员必须要深入现场，调查研究，随时掌握检修情况，同时，必须坚持原则，坚持质量标准，认真负责地做好验收工作，把好质量关。

运行人员质量验收应包括：

——检查标志、信号是否正确，自动装置、检测装置和保护装置、仪表等是否正常，自动装置调节品质是否符合要求。

——核对设备、系统的变动情况。

——施工设施和临时接地线是否已拆除。

——设备试运是否正常，电流、电压、温度、声音以及设备是否有渗漏。设备经过整体试运，并经全面检查，确认情况正常后，由相关领导批准正式备用，这时宣告检修结束。

建立健全检修记录、试验报告、设备移动记录、设备改造记录、验收记录和设备缺陷的处理记录等。

安装单位负责设备到达现场后的验收、保管，并按合同规定开箱检查。安装单位有权拒绝安装质量不合格的产品。在设备移交时，安装单位应将重要的安装记录、试验记录、调试报告、有关设计修改的说明书和附图以及专用工具、备品配件、剩余材料等进行整理、清点，列出清单，移交生产单位。

(六) 设备运行管理

设备的运行管理必须认真执行规程制度，不断改善设计的技术状况，提高经济效益，实现安全、经济、稳定、文明生产。对设备的预防性检修应以全面分析设备的状态为基础，加强设备维修的目标管理，真正做到“应修必修，修必修好”。要重视对设备的事故、障碍及可靠性的研究，分析事故产生的原因及其发展过程、概率，根据不同时期事故发生的原因，采取不同的维修对策。在保证质量的前提下缩短维修时间。贯彻执行生产设备事故备品管理办法，保证备品配件用时即有，且不大量积压。对经常损坏，修复时间长的设备和备件，逐步采用轮换备件的办法。

设备运行动态管理，是通过一定的手段，使各级维护与管理人员能掌握设备的运行情况,依据设备运行的状况制订相应措施。各作业部门要对每台设备依据其结构和运行方式,定出检查的部位(巡检点)、内容(检查什么)、正常运行的参数标准(允许的值),并针对设备的具体运行特点,对设备的每一个巡检点,确定出明确的检查周期,一般可分为时、班、日、周、旬、月检查点。生产岗位操作人员负责对本岗位使用设备的所有巡检点进行检查,专业维修人员要承包对重点设备的巡检任务。各作业部门都要根据设备的多少和复杂程序,确定设置专职巡检员的人数和人选,专职巡检员除负责承包重要的巡检点之外,要全面掌握设备运行动态。生产岗位操作人员巡检时,发现设备不能继续运转需紧急处理的问题,要立即通知当班调度,由值班负责人组织处理。一般隐患或缺陷,检查后登入检查表,并按时传递给专职巡检工。专职维修人员进行的设备点检,要做好记录,除安排本组处理外,要将信息向专职巡检工传递,以便统一汇总。专职巡检工除完成承包的巡检点任务外,还要负责将各方面的巡检结果,按日汇总整理,列出当日重点问题并向有关部门反映。有关部门列出主要问题,除登记台账之外,还应及时输入计算机,便于上级公司有关部门的综合管理。

巡检工针对巡检中发现的设备缺陷、隐患,提出应安排检修的项目,纳入检修计划。巡检中发现的设备缺陷,必须立即处理的,由当班的生产指挥者立即组织处理;本班无能力处理的,由多作业部门领导确定解决方案。重要设备的重大缺陷,各作业部门主要领导组织研究,确定控制方案和处理方案。

第三章　安全文明生产与环境保护知识

学习目标：通过本部分的学习，使学员掌握核安全文化要求、现场文明生产要求、安全生产与劳动保护知识、环境保护知识及消防安全知识等，理解和掌握铀浓缩级联操作工作中对于安全文明生产与环境保护方面的原则和要求。

第一节　核安全文化要求

一、核安全文化的背景、起源、定义和特征

1. 核安全文化的背景

(1) 全球能源的需求与危机

能源是人类社会的生命线，是满足人类基本需求，支持和促进经济发展，不断提高生活水平的重要因素。目前，全世界所消耗的能源主要来自石油、煤和天然气等化石燃料的使用。但地球上的化石燃料是有限的，由于人类长期且不断增长的消耗，其正面临着枯竭的危机。同时，这些化石燃料的燃烧造成了酸雨、温室效应和臭氧层破坏等一系列严重的环境问题。因此，人类正面临着能源的需求及其所引发的各种问题的巨大挑战。

(2) 我国能源的战略选择

20 世纪 70 年代末开始的改革开放，使我国国民经济的发展释放出前所未有的巨大活力，国民生活水平快速提高。在此背景下，电力工业虽然也同样取得了长足的进步，但依然成为制约经济发展的重要瓶颈之一。

我国目前的电力生产主要依靠火力发电和水力发电。其中，火力发电的原料基本上就是煤，占全国发电总装机容量的 70% 以上。尽管我国煤炭和水力资源相当丰富，但分布相当不均匀。煤炭资源多在华北地区，水力资源多在西南地区，而我国的大部分工业中心和主要人口集中地都在华东、华南和东北地区。由于受到燃料运输与电力输送等因素的制约，在这些地区发展核电，是一种现实的、非常经济的选择。

核电是一种十分清洁的能源，不会产生温室效应、酸雨、破坏臭氧层等污染环境的问题，使我们赖以生存的环境受到保护。当然，由于核电利用的能量来自于核裂变，而伴随核裂变产生的放射性产物一旦释放到环境中去，也会对环境造成一定的影响，因此，作为核设施的营运者有责任和义务保证核设施安全，即保护环境和居民，防止或减少放射性污染及放射性产物向环境的释放。加强与公众用户的交流，增加信息的透明度，确保公众与环境安全。

2. 核安全文化的起源

核安全思想的发展大致可以分为如下三个阶段：

1) 20 世纪 70 年代。这十年核安全思想集中在技术上的可靠性，设备与程序的质量，即优先考虑的是初始设计工作。

2）20 世纪 80 年代。这十年以人为失误为主要对象，寻找通过组织管理减少人为失误，增加作为程序使用者的可靠性的方法。

3）20 世纪 90 年代。这十年集中于核安全文化的发展，以使核安全水平得到改善。

完整的核安全图像就是这样逐步得以建立的。管理层所采取的措施及人员对核安全的参与，完善和加强了设备及其管理方面的安全措施，这一新的对核安全的理解，就形成了“核安全文化”的概念。

核安全文化是存在于单位和个人中的种种特性和态度的总和，它建立一种超出一切之上的观念，即核设施安全问题由于它的重要性要保证得到应有的重视。

与核安全相比，核安全文化是一种意识形态：人们对其价值的认同，人们考虑它的优先次序，人们为它所作的贡献。这种意识形态培养着人们的工作态度和方法。换句话说，核安全文化不仅仅是专业性和严密性的问题，而且与行为密切相关。但是，人的行为取决于人与人之间的相互关系，核安全文化不但是个人和整体的安全态度，而且是与管理作风密切相关的。

核安全文化作用于或表现在核设施领导阶层和国家政策方面和个体的行为这两个领域。对管理决策层而言，他们必须通过自己的具体行动为每一个工作人员创造有益于核安全的工作环境，培养他们重视核安全的工作态度与责任心。领导层对核安全的参与必须是公开的，而且有明确的态度。对个人而言，必须具有质疑的探索工作态度，严谨的工作方法以及必要的相互交流。只有各个层次的人在自己的岗位上尽职尽责，满足核安全的要求，核安全文化才会得到发展和提高。

3. 核安全的基本知识

核安全就是核设施在其设计、制造、运行及停役期间为保护公众及环境受可能的放射性危害所采取的所有措施的总和。这些措施包括：确保核设施的正常运行，预防事故的发生，限制可能的事故后果。

核设施正常运行期间，必须严格控制对环境的放射性废液及废气排放。这一控制包括对废物的取样分析，精确地知道放射性产物的排放浓度，使其排放低于根据环境保护部规定的年排放量控制值而制定的排放标准。如果分析结果表明放射性产物的排放浓度高于规定的标准，营运者必须对其进行再处理，直到满足要求为止。环境保护部对核设施放射性废物的年排放量有严格的要求。这一措施保证了核设施正常运行期间对公众和环境的保护。核设施的目标是不断减少放射性的排放。

核安全定义中所说的措施包括了设备、人员及组织管理三方面的内容。核设施设备的设计，加上所使用的规程及自动化的实施，使这些设备发生故障而导致事故的可能性降到最低。如果某类设备万一发生缺陷，那么，核设施的其他设备能确保限制事故发生的概率和降低事故的后果。设计及运行核设施设备的人员，其专业技能将通过各种训练获得。

核设施的执行人员必须具有严谨的工作作风和时刻保持警觉的工作态度，管理机构必须能够适应核安全方面的要求。

如果核设施工作人员的生产活动不能在适当的工作环境中进行（这种环境取决于管理机构），核安全的保证也无从谈起。

为了保证较高的核安全水平，应采取多种多样的且相互独立的措施。当某类措施失效时，其他的措施能有效地防止事故的发生或限制事故引起的后果。这些措施的总和就是纵深防御原则。纵深防御原则就是考虑到技术的、人为的以及组织管理上的失效，而为此设立的多层次的防御线。纵深防御原则是一种贯穿于核设施整个寿期(包括退役在内)各个阶段内各项生产活动的安全设计思想。纵深防御的每道防线必须可靠并尽可能地相互独立。每一道防线都必须作为最后一道防线来考虑。根据纵深防御的设计原则，核设施在放射性产物与人所处的环境之间，设置了多道屏障，力求最大限度地包容放射性物质，尽可能减少放射性物质向周围环境的释放。屏障的数量和性能取决于风险的大小。

二、核设施相关核安全文化的管理

1. 决策层的责任范围及其体现

(1) 决策层的责任范围

决策层的责任首先是发布相应的核安全政策，从而阐明核安全文化所应包含的任务和目标。决策层的责任同样也通过实施质量政策而表现出来。这一政策用质量控制和质量保证手段来评价核设施的安全等级，并使之维持在一个永不降低的水平上。质量控制与质量保证过程的目的是在核安全要求的遵守方面获得充分的信心。这一政策不仅适应于核设施，也同样适应于设备制造商。

(2) 决策层责任的体现

除通过核安全政策和质量政策来体现外，核设施决策层的责任还可以通过交流表现出来，交流的方式包括：信函、各种与目标要求及方法相关的会议以及对重大改进的密切跟踪等。

2. 核设施管理层的职责

作为日常负责核安全的核设施负责人，要使用各种必要的手段建立核安全文化。核设施负责人对核设施核安全文化的建立与实施负全面长期的责任，这一责任的体现可以通过与内部的各种交流以及外界的各种联系体现出来；另外还通过成立核安全技术小组和核安全委员会等，以及它们对核安全密切细致的跟踪与监督工作来表现这一责任。

核安全文化所需达到的目的就是：核设施的每一个员工都必须清楚自己的工作责任，如果每一个执行者都能充分理解手册中各种要求的阐述及评价，便能准确迅速地加以应用。

3. 核安全文化作用的发挥

核安全文化发挥作用可以说主要有赖于执行责任制(理解该做什么，有合理的计划，并按计划执行，评价执行后的结果等)，而不是机械地执行某一规程。

核安全文化的发展，是建立在核设施每个责任者参与的基础上的。

监控与监查职责的定义与体现、工作能力的训练与管理是维持运行安全良好状态的基础。除此之外，还应该监控实施的有效性和进展的连续性。监控是一种必不可少的手段，它确保了核设施协调一致的行动以及必要的提前干预与反应行动的实施。要监控决策层的决定和行动方向是否在各级行动机构中得以实施，监查所应采取行动的一致性和有效性，同时还要保证各级机构的日常动作。为了达到有效监控，监查工作必须是公正的，要为所有的人所接受并被认为是进步的因素之一。核安全与质量监查部门保证了这一目标的实现。

核安全与质量监查部门的任务是协助、建议和监查核安全分析与质量分析，他们直接对厂长负责。这一工作的独立性与冗余性,为核设施管理层责任的实施提供了可靠的保证。由于核安全与质量监查部门的专业能力和工作独立性,通过他们日常与核安全相关的工作,对其他部门起到了建议与支持的作用。

自我评价是监控的一种辅助手段,这项工作在核安全质量监查部门的帮助下,由各部门经理负责进行。应对质量、纵深防御防线的维持、所获得的结果以及处理偏差所采用的方法进行分析。内部评价过程之后,核安全监督部门将进行外部监控以确保核设施自我评价结果的质量。

了解核设施决策层和管理层职责的核安全局,以及把核安全自觉地放在工作首位的核设施领导层同脑海中时刻关注核安全的管理队伍,要使核安全文化的意识深入到各个层次,各个专业。核安全文化及其改进的实质就是使核设施每个员工都知道如何做,使每个员工都行动起来。

第二节　安全生产与劳动保护知识

一、安全生产相关知识

1. 安全管理的基本知识

(1) 安全管理的含义

核设施的安全管理是为实现生产过程中的人员和财产的安全而组织和使用人力、物力、财力等各种资源的过程。它利用计划、组织、协调、指挥等管理职能,控制来自生产过程中机械的、物质的以及自然界的不安全因素和人的不安全行为,避免发生事故,保障职工的安全健康和核设施财产的安全。

安全:是指在生产过程中人不受到伤害,设备或财产不受到损失的状态。

健康:在生产过程中,保证职工的安全和健康是安全管理的重要目的。这里所说的健康不仅仅是“身体健康”的意思。健康按照世界卫生组织的定义是:“所谓健康不仅是指身体没有疾病或体魄健壮,而且是指身体、精神、社会关系三个方面都处于完全良好的状态”。精神健康是指人的心智健康、充满信心的状态。精神健康应满足三个条件:身心功能得到充分发挥,环境适应性强,能充分发挥自己的能动性。

危害:指可能造成事故的客观事物或环境。例如:放射性、高温、高压和噪声等。

风险:指造成事故的机会或可能性。风险越大,越容易发生事故。

根据风险造成的后果(即事故)的严重程度,将风险分为 4 类:Ⅰ类,致命的(死亡);Ⅱ类,严重的(重伤);Ⅲ类,危险的(轻伤);Ⅳ类,可忽略的(基本不会造成伤害)。因此,风险大小有两层含义,一是发生事故可能性的大小;二是事故后果或潜在后果的大小。所谓降低风险就是降低事故发生的概率,限制事故的后果。

危害是风险存在的客观依据或基础。没有危害,即没有这样一种客观存在,也就没有风险。但是风险及其大小并不完全取决于危害的大小,而是和人对危害的认识以及采取的相应行为有直接关系。

核设施的安全管理包括工业安全、辐射安全和核安全,在安全管理上要更加严格,必须建立和实施核安全文化。

（2）安全管理原理

从本质上讲，发生事故是一种随机事件，是有偶然性的。但是在一定条件下，用科学的仪器和手段，通过经验的积累和分析，可以找出发生事故的近似的规律，即从外部和表面的联系，找到内部的决定性的主要关系。也就是从偶然性中找出必然性。

经验表明，"人因失误"造成事故并不仅仅因为人与机器的关系没有处理好，属于人与人之间的关系方面的问题不可忽视。在这方面，主要涉及以下三者之间的关系：工人与工人之间，工人与管理人员之间，工人与领导人员之间。如果这三方面的关系处理、调整得当，就能创造良好的工作环境（这里所谓工作环境不仅仅是外在的空间或硬件设施，而更重要的是指人的心理状态和情绪）。就能大大提高职工的安全意识，并在安全管理中充分发挥每个职工的主观能动性，形成企业的安全文化。反之，如果人与人关系处理不好，则会挫伤工人或管理者的积极性，出现深层次的安全隐患，在极端情况下，甚至会导致"故意失误"。

现在，国际上越来越重视人与人关系的重要性。正确处理人与人、人与机器、人和机器与环境三者之间的关系，通过计划、组织、协调和控制等各种手段和方法，使核设施的安全管理制度、规程和程序得到落实，使"人-机-环境"系统达到平衡，生产顺利进行，从而保证人和机器的安全。

（3）安全管理制度

企业必须要贯彻、执行国家的安全生产的有关法律、法规，必须根据本企业的性质、工艺、特点制定自己的安全管理制度，并认真执行。这样才能把国家的法律、法规落到实处。

核设施的安全管理制度就是在本企业范围内的安全法规。目前，国际上正趋向所谓"绩效型"的法规，绩效型的意思是看法规的有效性，要看综合的效果，要看总的效益。这个效益包括安全的、经济的、社会的综合结果，而不是机械地、片面地强调某个方面，不计其余。当然，这样法规的制定、执行都要有更高的水平。核设施的工业安全管理制度的制定、执行应体现绩效型安全管理制度的思想。

2. 事故预防

（1）发生事故的原因

安全生产是一门综合性科学，既包括自然科学，也包括社会科学。因而发生事故的原因也是各种各样的。综合分析主要有以下几个方面：

1）单位领导和职工安全意识淡薄；

2）安全生产责任制不落实；

3）对事故没有按"四不放过"原则处理；

4）安全管理法规不健全；

5）安全培训教育不重视或不培训。

从专业技术角度分析，发生事故的原因有根本原因和直接原因之分。

1）发生事故的根本原因

事故的根本原因是管理上的缺陷，而管理上的原因通常可分为下列几类：

① 工程设计管理问题。从宏观上说，工程设计管理中的主要问题是没有做到"三同时"。"三同时"是指工程的安全设施要与主体工程同时设计、同时施工、同时投产。从微观上说，工程设计管理中的问题是设计偏离标准或标准本身不完善。

② 教育、培训问题。这类问题主要表现在安全知识、操作技能等方面的教育、培训不充

分、不及时或不恰当、甚至根本不进行培训。常见的缺陷是培训脱离实际,内容陈旧,缺乏针对性等。

③ 管理机制的问题。这类问题包括安全责任、规章制度、安全监督、劳动纪律、施工的报告和调查分析等各方面的缺陷。

④ 个人因素问题。个人的健康、精神、个性、态度、动机和反应能力等方面的问题。这类问题与企业的环境有很大关系。

2) 发生事故的直接原因

事故的直接原因包括:不安全状态;人的不安全行为;自然灾害。其中主要直接原因是人的不安全行为。

① 不安全状态

不安全状态是指一切不符合安全规范和标准的,可能导致事故的各种状态。不安全状态分为:Ⅰ类,防护、保险、信号等装置缺乏或有缺陷;Ⅱ类,设备、设施、工具、附件有缺陷;Ⅲ类,个人防护用品缺少、有缺陷;Ⅳ类,工作场地环境不良。

② 不安全行为

不安全行为是指一切不符合安全规章制度和操作规程的,可能导致事故的各种行为。不安全行为分为12类:Ⅰ类,操作错误、忽视安全、忽视警告;Ⅱ类,造成安全装置失效;Ⅲ类,使用不安全设备;Ⅳ类,用手代替工具操作;Ⅴ类,物体存放不当;Ⅵ类,攀、坐不安全位置;Ⅶ类,在起吊物下作业、停留;Ⅷ类,机器运转时在机器上进行不适当的作业;Ⅸ类,有分散注意力的行为;Ⅹ类,忽视使用个人防护用品;Ⅺ类,不安全装束;Ⅻ类,对危险品处理错误。

③ 某些自然灾害造成事故

有些自然界的现象会造成事故,例如雷电、洪水、台风、地震、龙卷风和高温等。

(2) 事故预防的一般原理

事故预防,传统的方法通常是通过实际事故率与目标事故率的对比来判断。这种做法的主要缺陷在于,当事故率上升之后,或发生事故之后才会引起警觉,采取补救措施。这种做法又称为“指标反应法”。目前,国际上在这方面采取的另一种做法叫“指标超前法”。这种方法是在事故发生前,对安全管理的系统及措施进行评价,预测安全状态的变化,然后将评价和预测的结果与系统的安全指标相比较,从管理上找出漏洞和薄弱环节,从根本上采取纠正行动,进行事故预防。

由于危害及风险的客观存在以及事故的偶然性,要完全预防事故是不可能的,但大部分不安全现象和不安全行为是可以预防的。就预防方法而言,分为事后追查型预防方法和事前预测型预防方法。

1) 事故后追查型预防方法

这种方法是事故发生后组织调查、分析,并针对事故原因采取预防性措施,以防事故重演,这种方法具有针对性强的优点。由于管理问题不是短时间可以改观,已成习惯的不安全行为也不是短时间内可以消除的,因此,从总体上讲,这是一种被动的方法。如果在事故调查、分析时,流于形式,浮于表面,防范措施一般化,那么这种预防方法虽有针对性强的优点,却不是一个全面的、有效的方法。

2) 事先预测型预防方法

事先预测型方法是分析发生事故的条件和原因,对危害和风险进行研究,然后提出针对性的预防措施。这是一种主动的、根本有效的方法。分析、预测不安全问题的方法通常分为三种：

一是做风险分析。风险分析是运用于一切生产活动的基本工作方法，对某一项作业做出危害和风险分析，然后提出针对性的措施，落实这些措施并提高操作人员的警觉性。

二是进行安全检查。安全检查通常是针对硬件或制度执行情况的。通过巡检、定检以及根据作业特点、季节不同进行的检查。主要手段包括目测、定期试验、定期盘点、定期维修、询问、查看，以达到安全的目的。

三是做安全评审。安全评审，其着眼点是检验安全管理的机制，即机制的完善性和有效性。它是由专业人员通过评审发现管理方面的问题，解决不安全因素，以消除发生事故的根本原因。

（3）预防事故的措施

预防事故必须采取措施，从根本上解决安全工作中存在的问题。例如，生产单位要建立健全安全生产法规体系；明确职责和工作重点，切实健全和真正落实安全生产责任制；抓好安全生产的宣传教育和职工安全培训工作；对发生的责任事故要严肃查处；切实加强隐患整改。这些措施已经被实践证明是有效的。

1）树立安全意识

安全意识是指一个人对安全的体会和认识。安全意识是安全行为的基础，对安全没有正确的认识，就不会有自觉的安全行为。每个人的安全意识的高低可以通过以下几个标准来衡量：

① 对生产活动中所存在的危害、风险的认识

每个人都在某个生产环境中工作，对该环境中作业的风险应有清醒的认识。例如：

在制氢站动火有什么危害和风险，要采取什么措施？

在蒸汽发生器的辅助给水系统作业有哪些危害和风险，要采取什么措施？

在化水车间加药有哪些危害和风险，要采取什么措施？

在高压输电管廊做清洁工作有哪些危害和风险，要采取什么措施？等等。

② 对经济损失的意识

即对事故造成的物质损失的认识。例如：因事故造成的停机损失；事故造成的设备的损坏导致的维修费用、额外用工费用、医疗保险费用等。

③ 对同事安全的意识

即不安全的行为或隐患会伤害自己的同事。例如：孔洞不加围栏，排水井不加盖板，造成他人坠落；脚手架不规范，造成他人坠落；动火不按规定，形成火灾危及他人等等。

④ 对家庭幸福的意识

即事故造成家庭不幸。例如：如果因事故伤亡、致残，会给家庭带来打击、悲伤、经济负担等。

⑤ 自我保护的意识

即自己保护自己的认识。例如：作业前的风险分析；验证关键点；严格按规程办事；正确使用劳保用品；搞好协作与协调；不冒险等。发生工伤事故就是对自己的伤害，不发生事故就是保护了自己。

⑥ 对安全规程的意识

即熟知安全规程，按章办事。例如：一是熟知规程，懂得遵守安全规程的重要性，二是要

有按章办事的态度,不图省事,不走捷径,规程怎么说就怎么办。

事实证明,80%以上的事故都是由于操作者或组织者缺乏安全意识,安全教育不够引起的。因此,要减少事故,就必须对工作人员进行严肃认真的安全教育,树立牢固的安全意识,并转化为工作人员自觉的安全行为,再通过实践,进一步加深对安全的体会、理解和认识,进一步提高安全意识。

2) 开展无事故活动

开展无事故活动是事故预防的重要措施。无事故活动有三个重要支柱:领导的经营管理方针、系统化管理和岗位自主无事故活动。它们互相联系、互相支持,无论缺少哪一个环节都不行。

① 领导的经营管理方针

企业领导为实现安全无事故,其经营思想应该是“安全第一”,搞好生产管理,首先要搞好安全,不出事故。应该说,预防事故的各种主意首先出自企业领导。

② 系统化管理

为了实现安全,科室、车间负责人和班组长应把安全和生产活动结合起来,按系统进行彻底的安全管理。

③ 岗位自主无事故活动

每位职工都应把安全看作自己切身的事情,也应看作同事之间的重要事情。如果人人都能本着不伤害别人、不被别人伤害的原则搞好无事故活动,就能尽量减少事故。

3. 精神状态对安全的影响

(1) 工作时要保持良好的精神状态

在人们正常工作时,大脑意识水平经常处在能动和被动两种状态下,信息处理能力高,失误少。但当大脑意识水平处于迟钝状态,或恐慌状态时,信息处理能力低,失误多。

(2) 人的大脑意识水平(精神状态)

人的意识水平可划分为无意识、迟钝、恐慌、被动和能动5个等级。

无意识:在熟睡或癫痫情况下,大脑完全停止工作,不能进行信息处理。

迟钝:过度疲劳、作业单调、困倦和醉酒等。

恐慌:任务过重、精神紧张等。

被动:从事熟悉、重复的工作,大脑不必主动思考,而是习惯性被动工作。

能动:从事复杂、不熟悉、分析性工作,大脑积极思考、清晰有效、主动处理信息、能动性工作。但持续时间不会太长。

应使工作人员大脑处于被动和能动两种状态下工作,避免在迟钝、恐慌精神状态下工作。

(3) 疲劳是迟钝的常见原因

工作人员应避免在迟钝的意识水平下工作,疲劳是造成迟钝的原因,在精神疲劳时,大脑处理信息的能力极低,易出事故。

疲劳的表现为:无力感,注意力失调,感觉能力失调,动觉能力紊乱(动作走形),记忆和思维故障,意志衰退,产生睡意。

造成精神疲劳的原因有:工作单调,脑力和体力劳动的时间过长,环境条件不适合生理和心理需要,如噪声、通风不好等;精神因素:烦恼,工作或生活压力,人际关系不好等。

疲劳程度与劳动效率成反比，与事故率成正比。因此，当员工感到疲劳，感到或被发觉身心不适于某项工作时，必须停止工作。

(4) 极度紧张是恐慌的原因

工作人员应避免在恐慌的精神状态下工作，恐慌时大脑对所从事的工作注意力差，处理信息的能力差，易出事故。恐慌往往是精神紧张造成的。人们在恐慌状态下，就会行动不具体，不协调，动作生硬，用力过猛，手脚不相遂，弄错操作对象或方向，忘记或弄错操作规程，极易出事故。因此，当员工感到恐慌或被发觉有恐慌表现时，应立即停止工作。

(5) 保持良好精神状态的措施

1) 改善劳动条件和环境。

2) 调整劳动负荷量，达到适宜程度。

3) 杜绝对身心有害的习惯，如酗酒、赌博等。

4) 各级领导对员工要任务明确，分工合理，报酬公平，消除员工心理压力及不满情绪，化解各种矛盾。

5) 调整家庭、社会、人际关系。

二、正确使用劳动保护用品

(一) 正确使用劳动保护用品

劳动保护用品是保护劳动者在劳动过程中的安全与健康的一种防御性装备。劳动防护用品又称劳动保护用品，一般指个人防护用品，国际上统称个人防护装备。

个人防护用品是指能够保护个人，防止伤害，限制事故后果的个人穿戴的所有衣物或器具。个人劳动保护是在所有集体保护措施之后，防范措施的最后屏障，是保证个人安全的最后手段。

个人防护设备包括头部的保护，听觉保护，眼部及面部保护，呼吸保护，手和脚的保护，身体的保护，高空作业的保护等等。

1. 头部防护用品

头部防护用品是为防御头部不受外来物体打击和其他因素危害而采取的个人防护用品。

根据防护功能要求，目前主要有：普通工作帽、防尘帽、防水帽、防寒帽、安全帽、防静电帽、防高温帽、防电磁辐射帽和防昆虫帽等9类产品。

目前最常用的是安全帽。安全帽预防的风险有防坠落物打击，防狭矮环境碰头，高空坠落保护头部。要求进入工业性厂房或高空作业时必须戴安全帽。工厂企业在基建阶段进入施工现场必须戴安全帽。

常见安全帽方面的问题有：

1) 运行巡检不戴安全帽；

2) 维修时，因太热不戴安全帽；

3) 高空作业认为安全帽无用而不戴；

4) 戴安全帽不系拉带，摔倒或坠落时飞出，无作用。

2. 呼吸器官防护用品

呼吸器官防护用品是为防御有害气体、蒸汽、粉尘、烟和雾经呼吸道吸入，或直接向配用者供氧或清净空气,保证尘、毒污染或缺氧环境中作业人员正常呼吸的防护用具。

呼吸器官防护用品按防护功能主要分为防尘口罩和防毒口罩(面具),按形式又可分为过滤式和隔离式两类。

当那些微粒(如尘粒,雾气,烟)通过人类的防御系统时,它会直接进入肺部,这些物质会引起不同的伤害。如果那些污染物是气体或有机物质,当它们到达人体的肺部后会立即经血液循环系统进入其他器官,包括脑部。

缺氧会影响心脏,甚至会伤害脑部。

呼吸器官防护用品种类:

1)供气式呼吸器:当工作环境的含氧量低于19.5%或存在不知名气体、有害气体时(一氧化碳)使用。

2)免保养口罩(防尘口罩):能阻隔0.3 μm尘粒,主要针对气体和有机物,如酸性和碱性气体微粒。

3)半面式口罩:可长时间使用,主要用于防尘,可配防尘过滤器或过滤棉及不同种类的防化滤罐。

3. 眼面部防护用品

预防烟雾、尘粒、金属火花和飞屑、热、电磁辐射、激光、化学飞溅等伤害眼睛或面部的个人防护用品称为眼面部防护用品。

根据防护功能,大致可分为防尘、防水、防冲击、防高温、防电磁辐射、防射线、防化学飞溅、防风沙和防强光9类。

如工作可能导致眼部受伤,而该危险又不能以工作方法或工程控制措施来消除,必须使用合适的护眼用具。可能引致眼部受伤的工作主要有:产生碎屑或微粒的金属、混凝土或砖石打磨、切割;使用压缩空气以清除金属屑、尘埃或纤维;从事金属熔液或固态的酸、碱、危险腐蚀性物体。

眼面部防护用品的种类:

1)安全眼镜。安全眼镜通常较为轻便,它的镜片及镜架有防撞功能。此外,使用配有边罩的安全眼镜对眼睛可提供侧面的保护。

2)安全眼罩。安全眼罩较安全眼镜为重,在佩戴者的面部,所以能提供多角度的保护。一般来说,安全眼罩保护眼睛、眼窝和贴近眼睛周围的部位,以免眼部被撞伤,或被尘埃和溅物体所伤。安全眼罩可分为直接透气式和间接透气式两类。

3)面罩。面罩可完全覆盖面部由前额至下巴以下部位。使用面罩可以保护面部及眼睛,免被尘埃和溅起的危险液体所伤。

4)焊接面罩/眼罩。采用适度滤光镜的焊接面罩/眼罩可保护眼睛免被红外线或强烈辐射线灼伤,并防止焊接和气体切割工作所产生的火花、金属屑和熔渣伤及眼部。

4. 听觉器官防护用品

能够防止过量的声能侵入外耳道,使人耳避免噪声的过度刺激,减少听力损伤,预防由噪声对人身引起的不良影响的个体防护用品。听觉器官防护用品主要有耳塞、耳罩和防噪声头盔3大类。当噪音达到85 dB时,一定要佩戴适合的听力防护器,以解决工作场所的噪声危害。

听觉器官防护的用品种类：

1）一次性耳塞：都是用海绵或发泡等柔软物质做成，因它能紧贴耳道，所以其隔音效果较佳；

2）多次用耳塞：用橡胶或矽胶的物料组成，紧贴耳道，可清洗，较耐用；

3）耳罩：将耳部整体罩住，有不同类型配合不同工作环境。

5. 手部防护用品

具有保护手和手臂的功能，供作业者劳动时戴用的手套称为手部防护用品，通常人们称作劳动防护手套。

手套预防的风险主要有：可防粗糙或尖锐物扎手、烫伤、腐蚀、触电。

按照防护功能将手部防护用品分为12类，即：普通防护手套、防水手套、防寒手套、防毒手套、防静电手套、防高温手套、防X射线手套、防酸碱手套、防油手套、防振手套、防切割手套和绝缘手套。每类手套按照材料又能分为许多种。

6. 足部防护用品

足部防护用品是防止生产过程中有害物质和能量损伤劳动者足部的护具，通常人们称劳动防护鞋。按照防护功能可分为：防尘鞋、防水鞋、防寒鞋、防冲击鞋、防静电鞋、防高温鞋、防酸碱鞋、防油鞋、防烫鞋、防滑鞋、防穿刺鞋、电绝缘鞋和防震鞋等13类，每类鞋根据材质不同又能分为许多种。

安全鞋预防风险主要有：防落物砸脚、滑倒、脚掌被砸、脚趾压坏、穿刺和触电等。

7. 躯干防护用品

躯干防护用品就是我们通常讲的防护服。根据防护功能分为：普通防护服、防水服、防寒服、防砸背心、防毒服、阻燃服、防静电服、防高温服、防电磁辐射服、耐酸碱服、防油服、水上救生衣、防昆虫和防风沙等14类产品。每一类产品又可根据具体防护要求或材料分为不同品种。

防护衣物是个人防护装备的其中一类，它不仅可以作为工作服或制服，更可保护工作人员以预防各种危害引起的伤害。这包括防止接触化学品或火焰、撞击、刺伤、辐射、严寒、酷热或恶劣天气带来的危害。

全身防护服（配备合适的呼吸器具一同使用），适合处理石棉，大型喷油等工作；防火及抗热全身防护衣物（配备适当面罩一同使用），适合金属铸造、烧焊等工序；专用衣袖、围裙和手套适用于处理酸、碱等化学品。

防护衣物本身也可能有潜在危险，例如衣袖或衣袋会被机器或滚筒夹住；当操作机器时，应穿着一些不太宽松的衣物，衣物应尽量贴身；所有拉链、衣钮及其他凸出的设计均须罩住，否则容易出现危险。

8. 防坠落用品

防坠落用品是防止人体从高处坠落，通过绳带，将高处作业者的身体系接于固定物体上，或在作业场所的边沿下方张网，以防不慎坠落，这类用品主要有安全带和安全网两种。

（二）严格遵守安全规章制度

安全规章制度来源于前人的经验总结，违章犯纪就是走发生事故的危险道路。事故不仅造成自身损失，而且还会影响他人、企业和社会的利益。因此，遵守安全规章制度不能由个人的好恶而取舍,而必须人人遵守,强制执行。

另外,还需明确,虽然规章制度的执行是相对稳定的,但在企业的生产发展过程中,规章制度需要不断补充和完善。例如,生产机具的不断改变、生产任务的调整等,都可能对安全规章制度提出新的要求。因此,必须根据实际情况及时修订与完善安全规章制度。修订完善后的规章制度还要组织再培训,要求操作人员熟悉,严格遵守。

协作与协调是保证员工作业安全的一个重要方面,特别是多个班组作业,多人在同一现场作业时,协作与协调的问题更为重要。工作中协作协调不当的表现主要有:多头指挥,造成作业人员职责不清,信息混乱,发生误操作;运行人员与维修人员协作不好,运行人员交代不清,维修人员不仔细询问情况,盲目作业;作业人员之间,协调、协作不当,发生事故;班组之间协作、协调不当,引起事故。

核设施任何一项作业的组织实施过程中都必须强调协作与协调,以保证集体和个人的安全。各方的工作组织者和作业人员应明确各自的身份、职责,保证在各自状态、特殊风险和安全措施等方面的良好交流与相互理解。

对以下几点应予强调:

1)对单一班组的作业现场,工作负责人是唯一负责人。

2)对于有多个班组共同作业的现场,各班组负责人应主动协作、协调,绝不允许各自为政,必要时指定其中一位负责人为协调人,或另派专人为协调人。

3)运行人员与维修人员必须保持密切交流和协作,尤其对关键点,特殊安全事项,双方应有统一、明确认识。任何状态的变化(运行状态和检修状态的变化)都必须及时交流,并采取统一的相应行动。

4)工作前,工作负责人必须向全体作业人员交代清楚工作的性质、方法、安全措施。

5)工作准备人员应做好风险分析,不仅向作业人员交代清楚技术上的要求,还必须交代清楚作业环境、工具材料及系统风险的情况及应采取的措施。

第三节　环境保护知识

一、环境保护的重要性

(一)环境基本知识

1. 环境的定义和分类

在环境科学中,环境是指以人类为主体的外部世界,其主要指地球表面与人类发生相互作用的各个自然要素及其总体,它包括地球表面的陆地、海洋和大气层。这是人类和其他一些生物赖以生存和发展的物质基础,也是人类开发和利用的对象。

环境是一个多层次、多结构的复杂系统,可按不同的方法分类。环境按空间范围可分为居室环境、厂房环境、村落环境、城市环境、区域环境和全球环境等。环境的空间范围随着人类认识能力和活动范围的开拓而扩展,现在甚至把影响人类的宇宙因素也包括在内,称为宇宙环境。环境按组成要素可分为大气环境、水环境、土壤环境和岩石环境等。地质学中把环境分为大气圈、水圈和土壤-岩石圈,而地球上凡有生物存在的地方又统称为生物圈,它包括从大气圈对流层顶部到地壳风化层和成岩层底部。环境还可以从生态学角度分为陆生环境、水生环境等。

2. 环境的基本特性与环境物质

整体性。环境的各个组成部分和要素之间构成了一个有机整体。在不同的环境空间中，大气、水体、土壤和植被等自然环境物质有着相对确定的分布及相互作用的关系，从而具有特定的结构。通过相对稳定的物质和能量流动网络和彼此关联的动态变换规律，环境在不同时刻呈现不同的状态，这种整体性使环境成为一个系统，故又称为环境系统。

区域性。环境的不同层次或不同空间的地域，其结构形态、组织状况、能量与物质流动的规模和途径、稳定程度等具有相对的特殊性，从而显示出区域的特征。

变动性。环境在自然和人类活动的共同作用下，其内部结构和外部状态始终处于不断变化的过程中，其中，人类的活动可以促进环境定向发展，也可能导致环境退化。

修复性。一个环境系统在一定的条件下和一定的时间内，表现为平衡状态。当受到自然或人类活动的影响而打破平衡时，就会引起环境结构和状态的改变。只要这种改变不超过一定的限度，环境体系具有一种自动调节功能，可使这些变换逐渐消失，其结构和状态恢复原来的面貌，即当出现改变环境平衡的条件时，平衡会向削弱这种改变的方向移动，这就是环境的修复性。但是，当这种改变超过一定限度时，改变就成为不可逆转的了。

环境中生存的具有一定环境活性，并对生命物质可能产生各种直接或间接影响的物质称为环境物质。例如，水体及其所含的各种化学物质，大气及其所含的各种组分等。环境物质可由自然因素或人类活动而释入环境，并在环境中发生迁移、转化和积聚，从而对人类健康、生态平衡或环境质量产生影响。

通常，按存在状态的不同，可把环境物质分为大气、水、岩石、土壤和生物等几个大类；还可按对人类、生态和环境影响的不同，分为有害物质和无害物质两大类。

环境有害物质是指对人类健康、生态平衡或环境质量产生不利影响的各种环境物质。但是，有害与无害是相对的、发展的和变化的，随着数量和存在状态的改变，有害物质和无害物质之间可能发生相互转化。例如，硒是人体必需的一种微量元素，但环境硒含量过低或过高均对人体健康有害；又如，汞是有害物质，但由于土壤中的无机汞不易被植被吸收，因此对人体危害相对较小，而有机汞则相反，对人体危害很大。

3. 环境的污染与保护

环境污染是指有害物质进入环境，经过扩散、迁移、转化和积聚，引起环境系统和功能的改变，导致环境质量下降，对人类或其他生物的正常生存和发展产生不利影响，这种现象是环境污染。引起环境污染的物质或因子称为环境污染物或环境污染因子，它按形态有气、液、固及热、声、辐射等不同种类。向环境排放污染物或对环境产生有害影响的场所、设备和装置等称为环境污染源。

环境自净指环境受污染后，在自然条件下，在有限的时间内，污染物浓度或总量降低到不产生危害的程度。环境自净按其机理可分为：

物理自净：通过扩散、混合、稀释、淋洗、挥发、沉降和吸附等物理作用，使环境中的污染物得以净化的过程，称为物理自净。物理自净的能力除与污染物的物理性质（如粒度、相对密度、形态和表面活性等因素）有关外，还取决于环境的物质条件（如温度、气流、降水及地理条件等）。

化学自净:通过污染物与环境物质或不同污染物之间的化学反应(如氧化、还原、化合、分解、络合、离子交换和化学吸附等),使环境中的污染物得以净化的过程,称为化学自净。化学自净能力除取决于污染物的化学性质和化学形态外,还与环境物质的酸碱度、氧化还原电位、温度和化学组成等因素有关。

生物自净:通过自然界中的生物对环境污染物的吸收、降解、转化和富集等作用,使之得以净化的过程,称为生物自净。生物自净能力除与污染物有关外,主要取决于生物的种类、环境温度和供养状况等。

环境保护系指人类为解决现实的或潜在的环境问题,维持自身生存的发展而进行的各种具体实践活动的总称。自20世纪50年代以来,由于工农业的迅速发展和对自然资源的盲目开发,使环境遭到了严重污染和破坏,环境质量急剧下降,生态平衡严重失调,环境问题已成为危及人类健康,制约经济发展和文明进程的全球性问题。世界各国纷纷采取科技技术、行政管理、司法、经济、宣传和教育等各种环境保护措施,努力防治环境污染,合理利用自然环境,逐步重建人类与环境之间的依赖关系,促进社会与环境的协调发展。

(二)环境中的核辐射

1. 环境辐射源

地球上每一个人都受到各种天然辐射和人工辐射的照射。其中,来自天然辐射源的电离辐射称为天然辐射;来自人工辐射源的电离辐射称为人工辐射。对人类群体照成照射的各种天然及人工辐射源称为环境辐射源。

2. 天然辐射源

天然辐射源来源于宇宙辐射、陆地辐射、氡和矿物开采所致的辐射。

太阳是人类接受到的最大天然辐射源。我们接受太阳辐射的能量主要是可见光,红外线,远红外,还有紫外线。由于太阳和地球的距离很远,因此强度也大大降低了。天空打雷、地震和火山爆发等也会产生较强的电磁辐射。一些宇宙天体也向地球发射X射线、γ射线。地球上部分矿物质,如花岗岩,也能放出γ射线。人体也是一个小小的辐射源,人体辐射的电磁波频率分布主要为红外与远红外。常见的射线类型有α射线、β射线和γ射线等。

3. 人工辐射源

放射性物质间接地进入环境,对公众造成自然条件下原本不存在的辐射照射的这类辐射源称为人工辐射源。主要包括:核试验(大气层核试验和地下核试验)、核武器制造、核能生产(铀矿开采、水冶、^{235}U的浓缩、燃料元件制造、核反应堆发电、乏燃料贮存或后处理及放射性废物的贮存和处置)、放射性同位素的生产和应用、核事故等。

放射性是个自发过程,一旦存在于环境之中将不会受到外界任何影响,低温、高温和强电磁场都不能改变放射性规律。

二、环境保护法律法规

(一)环境保护法律法规层次

《中华人民共和国宪法》规定了国家在环境与资源保护方面的基本权利、义务和方针,对其他环保法律法规的制定工作起着指导作用,其中涉及环境保护的条款有:国家保护和改善生活环境和生态环境,防治污染和其他公害;国家保障自然资源的合理利用,保护珍贵动植物；禁止任何组织或个人用任何手段侵占或破坏自然资源等。

《中华人民共和国环境保护法》确立了经济建设、社会发展和环境保护协调发展的基本方针，规定了各级政府、一切单位和个人保护环境的权利和义务，由全国人大常委会于1979年正式批准颁布。主要内容包括：保护并合理开发利用能源、资源；限制各种危害环境的行为，防治公害；体现“预防为主，防治结合”“污染者负责”和“强化管理”三项基本政策。

环保专项法是针对特定的污染防治领域和特定的资源保护对象而制定的单项法律和规范性文件。单项法名目繁多、内容涉及广泛，由全国人大常委会批准颁布。主要有《中华人民共和国大气污染防治法》《中华人民共和国水污染防治法》《中华人民共和国固体废弃物污染环境防治法》《中华人民共和国海洋环境保护法》《中华人民共和国环境噪声污染防治法》《中华人民共和国海洋污染防治法》《中华人民共和国荒漠化防治法》《中华人民共和国清洁生产促进法》《中华人民共和国化学物质污染防治法》《中华人民共和国放射性污染防治法》《中华人民共和国环境影响评价法》等。

环保资源法是为了保证自然环境和自然资源免受破坏，保证人类的生命维持系统和生物资源的永续利用，保证物种遗传的多样性，合理开发、利用和保护自然资源而制定的法律。有森林、草原、矿产和水土等相关法律。

环保相关法是指与环保工作密切相关的法律。如《中华人民共和国城市规划法》等。

国际环保公约是指中国政府为保护全球环境而签订的国际公约。如《巴塞尔公约》《维也纳公约》等。

环境保护行政法规分为国务院级别的行政法规和地方级别的行政法规。

国务院级别的行政法规指国务院组织制定并批准公布的为实施环境保护法律或规范环境监督管理制度而颁布的“条例”和“实施细则”。如水污染防治法实施细则、大气污染防治法实施细则等。

地方级别的行政法规是指由地方人大及常委会制定，旨在对国家环保法律法规进行补充和完善的地方环保法规，主要是针对本地区的环境问题。

环境保护行政规章分为国务院级别的行政规章和地方级别的行政规章。国务院级别的行政规章是指由国务院有关部门（各部委）为加强环保工作而颁布的规范性文件（包括一些红头文件）；地方级别的行政规章是由地方人大及常委会所属的地方政府制定的环境保护规范性文件，属于地方环保行政规章。

（二）环境标准

环境标准有三个级别：国家标准、行业标准和地方标准。根据规定内容不同可分为五个种类：

1. 环境质量标准：例如《环境空气质量标准》（GB 3095—2012）、《地表水环境质量标准》（GB 3838—2002）、《城市区域环境噪声标准》（GB 3096—2008）。

2. 污染物排放标准：例如《锅炉大气污染物排放标准》（GB 13271—2014）、《合成氨工业水污染物排放标准》（GB 13458—2013）、《工业企业厂界噪声标准》（GB 12348—2008）。

3. 方法标准：例如《固体废物总汞的测定冷原子吸收分光光度法》（GB/T 15555.1—1995）、《环境空气　二氧化硫的测定甲醛吸收—副玫瑰苯胺分光光度法》（GB/T 15262—1994）。

4. 标准样品标准：例如《大气试验粉尘标准样品模拟大气尘》（GB 13270—1991）、《环境标准样品研复制技术规范》(HJ/T 173—2005)；

5. 基础标准：例如《环境保护图形标志排放口(源)》(GB 15562.1—1995)、《制定地方大气污染物排放标准的技术方法》(GB/T 3840—1991)。

环境保护法律制度主要有环境影响评价制度、"三同时"制度、排污申报登记制度、环境保护许可证制度、征收排污费制度、限期治理制度、污染物排放总量控制制度、城市环境综合整治定量考核制度等。

核设施常用的法律法规标准有环境保护法、大气污染防治法、清洁生产促进法、环境影响评价法、放射性污染防治法、海洋环境保护法、危险化学品安全管理条例、固体废物污染环境防治法、核设施环境辐射防护规定和污水综合排放标准等。

(三) 环境管理体系和标准

ISO 14000 系列环境标准是国际标准化组织(ISO)第 207 技术委员会组织制定的环境管理体系标准，其标准号从 14001 到 14100，共 100 个标准号，统称为 ISO 14000 系列标准。它是顺应国际环境保护的发展，依据国际经济与贸易发展的需要而制定的。

2006 年 7 月 3 日，为了完善现代企业安全生产管理制度，促进安全生产长效机制的建立，中国核工业集团公司决定在成员单位开展环境管理体系认证的试点工作。

ISO 14001 标准作为 ISO 14000 系列标准的龙头标准，其产生于广泛的相关利益方的需求和公众对环境品质降低、自然资源不可持续利用的日益关注。它是关于环境管理方面的一个体系标准，是融合世界上许多发达国家在环境管理方面的经验于一身而形成的一套完整的、操作性强的体系标准。ISO 14001 标准是进行环境管理体系建立和认证的最终依据，对组织环境管理体系进行认证、注册和自我声明的要求，此标准不包括那些与地方法规不相符的额外要求，但是组织须承诺依照自己制定的环境方针，实施可持续发展。

第四节　消防安全知识

一、消防安全的基本知识

(一) 燃烧

1. 燃烧的定义

燃烧，俗称着火，系指可燃物与氧化剂作用发生的放热反应，通常伴有火焰、发光和发烟现象。

通常讲的燃烧一般是要有氧气参加的，但在一些特殊情况下的燃烧可以在无氧的条件下进行，如氢气在氯气中燃烧、镁条在二氧化碳中的燃烧等。

有焰燃烧存在链式反应。当某种可燃物受热，它不仅会汽化，而且该项可燃物的分子会发生热解作用从而产生自由基。自由基是一种高度活泼的化学形态，能与其他的自由基和分子反应，而使燃烧持续进行下去，这就是燃烧的链式反应。

2. 燃烧的必要条件

燃烧具有三个特征，即化学反应、放热和发光。物质燃烧过程的发生和发展，必须具备以下三个必要条件，即：可燃物、氧化剂和温度(引火源)。只有这三个条件同时具备，才可能发生燃烧现象，无论缺少哪一个条件，燃烧都不能发生。但是，并不是上述三个条件同时存在，就一定会发生燃烧现象，还必须这三个因素相互作用才能发生燃烧。

1）可燃物

凡是能与空气中的氧或其他氧化剂起燃烧化学反应的物质称为可燃物。可燃物按其物理状态分为气体可燃物、液体可燃物和固体可燃物三种类别。可燃烧物质大多是含碳和氢的化合物，某些金属如镁、铝和钙等在某些条件下也可以燃烧，还有许多物质在高温下可以通过自己的分解而放出光和热。

2）氧化剂

帮助和支持可燃物燃烧的物质，即能与可燃物发生氧化反应的物质称为氧化剂。燃烧过程中氧化剂主要是空气中游离的氧，另外如氟、氯等也可以作为燃烧反应的氧化剂。

3）温度（引火源）

是指供给可燃物与氧或助燃剂发生燃烧反应的能量来源。常见的是热能，其他还有化学能、电能和机械能等转变的热能。

3. 燃烧的种类

1）闪燃

闪燃是指易燃或可燃液体挥发出来的蒸气与空气混合后，遇火源在液体表面发生一闪即灭的燃烧现象。发生闪燃现象的最低温度点称为闪点。在消防管理分类上，把闪点小于28 ℃的液体划为甲类液体也叫一级易燃液体，闪点大于28 ℃小于60 ℃的称为乙类液体也叫二级易燃液体，闪点大于60 ℃的称为丙类液体又称可燃液体。

2）着火

着火指可燃物质在空气中受到外界火源直接作用，开始起火持续燃烧的现象。这个物质开始起火持续燃烧的最低温度点称为燃点。

3）自燃

自燃指可燃物质在空气中没有外来明火源的作用，靠热量的积聚达到一定的温度时而发生的燃烧现象。外部热能的逐步积累，多是物理性的。物质自身产生热量，多是化学性和生物性的。

4）爆炸

爆炸指物质在瞬间急剧氧化或分解反应产生大量的热和气体，并以巨大压力急剧向四周扩散和冲击而发生巨大响声的现象。可燃气体、蒸气或粉尘与空气组成的混合物遇火源能发生爆炸的浓度称爆炸极限，其最低浓度称为爆炸下限，最高浓度称为爆炸上限。低于下限的遇明火既不爆炸也不燃烧，高于上限的，虽不爆炸，但可燃烧。

4. 燃烧形式

1）扩散燃烧

可燃气体和空气分子互相扩散、混合，其混合浓度在爆炸范围以外，遇火源即能着火燃烧。

2）蒸发燃烧

可燃性液体，如汽油、酒精等，蒸发产生了蒸气被点燃起火，它放出热量进一步加热液体表面，从而促使液体持续蒸发，使燃烧继续下去。

3）分解燃烧

是指在燃烧过程中可燃物首先遇热分解，分解产物和氧反应产生燃烧，如木材、煤和纸等固体可燃物的燃烧。

4）表面燃烧

燃烧在空气和固体表面接触部位进行。例如，木材燃烧，最后分解不出可燃气体，只剩下固体炭，燃烧在空气和固体炭表面接触部分进行，它能产生红热的表面，不产生火焰。

5）混合燃烧

可燃气体与助燃气体在容器内或空间中充分扩散混合，其浓度在爆炸范围内，此时遇火源即会发生燃烧，这种燃烧在混合气所分布的空间中快速进行，所以称之为混合燃烧。

6）阴燃

一些固体可燃物在空气不流通，加热温度低或可燃物含水多等条件下发生的只冒烟无火焰的燃烧。

5. 可燃物分类

可燃物种类繁多，不胜枚举。根据化学结构不同，可燃物可分为无机可燃物和有机可燃物两大类。无机可燃物中的无机单质有：钾、钠、钙、镁、磷、硫、硅和氢等；无机化合物有：一氧化碳、氨、硫化氢、磷化氢、二硫化碳、联氨和氢氰酸等。有机可燃物可分成低分子的和高分子的，又可分成天然的和合成的。有机物中除了多卤代烃如四氯化碳、二氟-氯一溴甲烷(1211)等不燃且可作灭火剂之外，其他绝大部分有机物都是可燃物。有机可燃物有：天然气、液化石油气、汽油、煤油、柴油、原油、酒精、豆油、煤、木材、棉、麻、纸以及三大合成材料(合成塑料、合成橡胶、合成纤维)等。

(二) 火灾的基本知识

火灾，是指在时间或空间上失去控制的燃烧所造成的灾害。在各种灾害中，火灾是最经常、最普遍地威胁公众安全和社会发展的主要灾害之一。人类能够对火进行利用和控制，是文明进步的一个重要标志。火，给人类带来文明进步、光明和温暖。但是，失去控制的火，就会给人类造成灾难。所以说人类使用火的历史与同火灾作斗争的历史是相伴相生的，人们在用火的同时，不断总结火灾发生的规律，尽可能地减少火灾及其对人类造成的危害。对于火灾，在我国古代，人们就总结出“防为上，救次之，戒为下”的经验。随着社会的不断发展，在社会财富日益增多的同时，导致发生火灾的危险性也在增多，火灾的危害性也越来越大。实践证明，随着社会和经济的发展，消防工作的重要性就越来越突出。“预防火灾和减少火灾的危害”是对消防立法意义的总体概括，包括了两层含义：一是做好预防火灾的各项工作，防止发生火灾；二是火灾绝对不发生是不可能的，而一旦发生火灾，就应当及时、有效地进行扑救，减少火灾的危害。

防火的主要措施就是：控制可燃物、隔绝助燃物、消除着火源。

(三) 火灾分类

根据 2007 年 6 月 26 日公安部下发的《关于调整火灾等级标准的通知》。新的火灾等级分为特别重大火灾、重大火灾、较大火灾和一般火灾四个等级。

特别重大火灾，指造成 30 人以上死亡，或者 100 人以上重伤，或者 1 亿元以上直接财产损失的火灾；

重大火灾，指造成10人以上30人以下死亡，或者50人以上100人以下重伤，或者5 000万元以上1亿元以下直接财产损失的火灾；

较大火灾，指造成3人以上10人以下死亡，或者10人以上50人以下重伤，或者1 000万元以上5 000万元以下直接财产损失的火灾；

一般火灾，指造成3人以下死亡，或者10人以下重伤，或者1 000万元以下直接财产损失的火灾。

二、有关的消防法规制度

消防安全工作涉及公民人身、公民财产和公共财产的安全，维护公共安全。国家制订了包括《中华人民共和国消防法》等在内的多部法律、法规和标准。

（一）《中华人民共和国消防法》

1998年颁布并施行了《中华人民共和国消防法》，明确了消防工作的方针，单位和个人的职责：

1. 消防工作贯彻预防为主、防消结合的方针，坚持专门机关与群众相结合的原则，实行防火安全责任制。

2. 任何单位、个人都有维护消防安全、保护消防设施、预防火灾和报告火警的义务。任何单位、成年公民都有参加有组织的灭火工作的义务。

3. 机关、团体、企业和事业单位应当履行下列消防安全职责：

1）制定消防安全制度、消防安全操作规程；

2）实行防火安全责任制，确定本单位和所属各部门、岗位的消防安全责任人；

3）针对本单位的特点对职工进行消防宣传教育；

4）组织防火检查，及时消除火灾隐患；

5）按照国家有关规定配置消防设施和器材、设置消防安全标志，并定期组织检验、维修，确保消防设施和器材完好、有效；

6）保障疏散通道、安全出口畅通，并设置符合国家规定的消防安全疏散标志。

4. 禁止在具有火灾、爆炸危险的场所使用明火；因特殊情况需要使用明火作业的，应当按照规定事先办理审批手续。作业人员应当遵守消防安全规定，并采取相应的消防安全措施。

5. 进行电焊、气焊等具有火灾危险的作业的人员和自动消防系统的操作人员，必须持证上岗，并严格遵守消防安全操作规程。

6. 任何单位、个人不得损坏或者擅自挪用、拆除、停用消防设施、器材，不得埋压、圈占消火栓，不得占用防火间距，不得堵塞消防通道。

7. 任何人发现火灾时，都应当立即报警。任何单位、个人都应当无偿为报警提供便利，不得阻拦报警。严禁谎报火警。

（二）《火灾分类》

2009年施行的《火灾分类》（GB/T 4968—2008）规定火灾根据可燃物的类型和燃烧特性，分为A、B、C、D、E、F六类。

A类火灾：指固体物质火灾。这种物质通常具有有机物质性质，一般在燃烧时能产生灼热的余烬。如木材、煤、棉、毛、麻和纸张等火灾。

B类火灾:指液体或可熔化的固体物质火灾。如汽油、煤油、柴油、原油,甲醇、乙醇、沥青和石蜡等火灾。

C类火灾:指气体火灾。如煤气、天然气、甲烷、乙烷、丙烷和氢气等火灾。

D类火灾:指金属火灾。如钾、钠、镁和铝镁合金等火灾。

E类火灾:带电火灾。物体带电燃烧的火灾。

F类火灾:烹饪器具内的烹饪物(如动植物油脂)火灾。

三、火灾的危害

伴随着人类文明的史卷,火在不断吞没广袤的草原,莽莽的林海;它吞噬了多少宝贵的生命,涂炭了多少大自然的生灵;它在焚毁文物、典籍、古建筑等诸多历史瑰宝;它在毁灭人类历史的文化遗产和物质财富。火在赐予我们幸福的同时又为我们留下多少血泪俱下,令人揪心的故事。归纳起来,火灾的危害主要有以下几个方面。

1. 毁坏物质财富

在我国有这样一句广为流传的谚语:“贼偷三次不穷,火烧一把精光”,它形象、生动地刻画了火灾的残酷无情。一把火可使人们数十载辛勤劳动创造的物质财富顷刻之间化为灰烬,它也会刹那间就吞噬整个村寨、街道、工厂和城市。

2. 残害人类生命

在社会发展、时代进步的同时,火灾的因素增加了,火灾带来的后果更为严重,每一起火灾都直接或间接危害着人类的安全,给人们造成伤亡甚至夺去生命。

3. 破坏生态平衡

森林、草原、山川、江河湖海是大自然赋予人类的宝贵财富。它们不仅是人类进行生产、生活的自然资源,而且是人类进行水土保持、调节气候、净化空气、维持生态平衡等的忠诚卫士。人与自然只有和谐统一的发展,才能保证人类社会稳定,健康的发展。

我国是一个森林资源十分匮乏的国家,森林覆盖率只有13.92%,而火灾却时刻威胁着森林。1987年大兴安岭特大森林火灾10万军民经过近一个月的奋战才将大火扑灭。这场大火使1 000多万亩森林变成焦土,经济损失几十亿元,被破坏的生态平衡需80年才能恢复。

4. 造成的间接经济损失

现代社会的运转恰如一台大机器,各行业、各单位是组成它的零部件,它们是密切联系着的。发生火灾,特别是重、特大火灾,其影响之大往往是人们始料不及,远远超出了“四邻遭殃”或“殃及池鱼”的范围。其造成的间接经济损失则更为严重。火灾所造成的对环境的污染,生态平衡的严重破坏,在短期内都是难以消除的。

5. 造成不良的社会影响

火灾,尤其是恶性火灾,每次都使人们受到极大的心理震撼和精神刺激,轻者心有余悸,谈火色变,严重者造成精神上的损害。火灾如果发生在首脑机关、指挥系统、通信枢纽、涉外单位、名古建筑和风景区等,都会造成不良的社会影响。而一些伤亡惨重、影响巨大的火灾,往往牵动着亿万人民群众的心,并引发一系列的社会问题。使群众人心惶惶,人们正常的生活、生产和工作秩序被打乱,引起人民不满,甚至发生骚乱,损害国家声誉。火的灾害是不分民族,没有国界的。1986年,苏联切尔诺贝利核设施发生火灾,由于放射性物质扩散造成的影响,不仅对本国,也对周边国家造成了深重的灾难,至今人们仍是闻之色变。

四、防火

核设施主要的火灾危害在于各厂房设施中,防火主要以厂房防火为主。

(一) 厂房防火屏障

为了确保在发生火灾状态下,防止火势蔓延扩大的有效屏障和措施,凡是防火屏障必须保持完整有效,若检修或施工改造工作需要打开防火屏障的,必须办理防火屏障打开许可证。打开防火屏障包括(防火门、电缆贯穿口、穿墙管道、墙体孔洞和贯穿区(间)):在防火区墙上开孔、打开防火区楼板盖板、打开防火封堵、封套、打开防火贯穿间或持续打开防火门。

(二) 厂房防火门管理

防火门必须保持关闭状态,防止人为损坏。工作负责人和现场作业人员在防火屏障打开期间,应负责防火区的安全,工作暂停或结束后应及时关闭防火门。

(三) 消防设施管理

1. 室内外的消火栓、水带和水枪,是扑救火灾的专用设备,未经消防主管部门同意,任何单位和个人不得擅自将其用于非消防之用;

2. 消防管网上的阀门不得随意关闭和开启,紧急情况下必须关闭或开启时,必须及时向运行部主控室及消防主管部门报告;

3. 消防雨淋阀水喷洒(喷雾)灭火系统,须按责任分工,专人管理;

4. 做定期试验时,要按照操作规程精心操作;

5. 非火灾情况下严禁向保护区内做水喷淋试验,任何人不准随意敲打雨淋阀的灭火喷淋按钮,防止发生误喷,造成水淹事件;

6. 气体固定灭火系统,要定期巡检,保护区内无火灾情况下,禁止启动灭火按钮,防止发生气体灭火药剂释放,造成损失;

7. 各种移动式灭火器,要定点定位,非火灾情况下,不准私自挪动位置和放空;

8. 泡沫固定灭火系统是重要的消防灭火设施,非火灾情况下严禁按动电磁阀的开关按钮,防止发生泡沫喷洒,造成事故;

9. 消防水只能用于消防的目的。

五、消防器材的使用常识

人们掌握一定的消防常识,懂得常用灭火器材的使用方法,掌握扑灭初期火灾的措施,是完全有可能把火灾扑灭在萌芽状态下的。

首先我们要懂得一些常见消防器材的性能、适用范围以及其使用方法。常见的消防器材主要有:灭火器、消防水泵、消防栓、水带和水枪等等。

(一) 灭火器

灭火器是一种可由人力移动的轻便灭火器具,它能在其内部压力作用下,将所充装的灭火药剂喷出,用来扑灭火灾。由于灭火器结构简单,操作方便,使用面广,对扑救初期火灾有一定效果,因此,在工厂、企业、机关、商店、仓库以及汽车、轮船、飞机等交通工具上,几乎到处可见,已成为群众性的常规灭火武器。

灭火器的种类很多,按其移动方式可分为:手提式和推车式;按驱动灭火剂动力来源可分为:储气瓶式、储压式和化学反应式;按所充装的灭火剂则又可分为:泡沫、二氧化碳、干粉、卤代烷(例如常见的1211灭火器)还有酸碱、清水灭火器等。

我们常见的灭火器有MP型、MPT型、MF型、MFT型、MFB型、MY型、MYT型、MT型和MTT型,这些字母它们所代表的意思是:

第一个字母M表示灭火器;

第二个字母F表示干粉,P表示泡沫,Y表示卤代烷,T表示二氧化碳;

第三个字母T表示推车式,B表示背负式,没有第三个字母的表示手提式。

这里主要根据我们日常所使用的几种灭火器介绍泡沫、干粉、卤代烷和二氧化碳等4种灭火器的性能、适用范围及操作使用方法。

1. 二氧化碳灭火器

二氧化碳灭火器利用其内部所充装的高压液态二氧化碳本身的蒸气压力作为动力喷出灭火。由于二氧化碳灭火剂具有灭火不留痕迹,有一定的绝缘性能等特点,因此适用于扑救600 V以下的带电电器、贵重设备、图书资料和仪器仪表等场所的初起火灾,以及一般的液体火灾;不适用扑救轻金属火灾。

(1) 使用方法

灭火时只要将灭火器的喷筒对准火源,打开启闭阀,液态的二氧化碳立即气化,并在高压作用下,迅速喷出。但应该注意二氧化碳是窒息性气体,对人体有害,在空气中二氧化碳含量达到8.5%,会发生呼吸困难,血压增高;二氧化碳含量达到20%~30%时,呼吸衰弱,精神不振,严重的可能因窒息而死亡。因此,在空气不流通的火场使用二氧化碳灭火器后,必须及时通风。在灭火时,要连续喷射,防止余烬复燃,不可颠倒使用。

二氧化碳是以液态存放在钢瓶内的,使用时液体迅速气化吸收本身的热量,使自身温度急剧下降到-78.5 ℃左右。利用它来冷却燃烧物质和冲淡燃烧区空气中的含氧量以达到灭火的效果。所以在使用中要戴上手套,动作要迅速,以防止冻伤。如在室外,则不能逆风使用。

(2) 维护保养

二氧化碳灭火器应放置明显、取用方便的地方,不可放在采暖或加热设备附近和阳光强烈照射的地方,存放温度不要超过55 ℃。

定期检查灭火器钢瓶内二氧化碳的存量,如果重量减少1/10时,应及时补充罐装。

在搬运过程中,应轻拿轻放,防止撞击。在寒冷季节使用二氧化碳灭火器时,阀门(开关)开启后,不得时启时闭,以防阀门冻结。

灭火器每隔5年送请专业机构进行一次水压试验,并打上试验年、月的钢印。

2. 干粉灭火器

干粉灭火器是以高压二氧化碳为动力,喷射筒内的干粉进行灭火,为储气瓶式。它适用于扑救石油及其产品、可燃气体、易燃液体、电器设备初起火灾,广泛用于工厂、船舶和油库等场所。

MF型手提式干粉灭火器按充装的干粉重量来定,MF型灭火器可分为:MF1、MF2、MF4、MF5、MF8、MF10等6种型号;按充装物质的不同又可分为碳酸氢钠干粉灭火器和磷酸铵盐干粉灭火器两种。碳酸氢钠干粉灭火器适用于易燃、可燃液体和气以及带电设备的初起火灾；磷酸铵盐干粉灭火器除可用于上述几类火灾外，还可用于扑救固体物质火灾。但都不适宜扑救轻金属燃烧的火灾。

灭火时，先拔去保险销，一只手握住喷嘴，另一手提起提环（或提把），按下压柄就可喷射。扑救地面油火时，要采取平射的姿势，左右摆动，由近及远，快速推进。如在使用前，先将筒体上下颠倒几次，使干粉松动，然后再开气喷粉，则效果更佳。

维护保养和检查：

平时应放置在干燥通风的地方，防止干粉受潮变质；还要避免日光曝晒和强辐射热，以防失效。

（1）存放环境温度在－10～55 ℃。

（2）进行定期检查，如发现干粉结块或气量不足，应及时更换灭火剂或充气。

（3）一经打开启用，不论是否用尽，都必须进行再充装，充装时不得变换品种。

（4）灭火器每隔五年或每次再充装前，应进行水压试验，以保证耐压强度，检验合格后方可继续使用。

推车式干粉灭火器的使用方法和维护保养与手提式干粉灭火器相同。

3. 消防水泵和消防供水设备

水泵俗称抽水机，在灭火作战中用来吸取并输送消防用水，它的种类很多，但其原理基本相似，具体的操作需视其类型而定。

消防供水设备是消防水泵的配套设备，比较常见的是室内消火栓系统，它包括水枪、水带和室内消火栓。使用时，将水带的一头与室内消火栓连接，另一头连接水枪，现有的水带水枪接口均为卡口式的，连接中应注意槽口，然后打开室内消火栓开关，即可由水枪开关来控制射水。水枪依照喷嘴口径的不同可分为 13 mm、16 mm 和 19 mm 三种类型，同样水带依照直径的大小也可分为 50 mm、65 mm 和 80 mm 三种类型，不同型号的水枪需与相近的水带匹配，在使用时要加以注意（一般在室内消火栓箱放置的水带与水枪均是配套的）。

（二）火灾的预防及扑救方法

1. 防火的基本措施

防火的基本措施在企业设计、生产过程和装置检修等各个环节都应充分考虑，严格执行消防法规。其基本措施有以下四点。

（1）控制和消除着火源

实际生产、生活中常见的火源有生产用火、火炉、干燥装置（如电热干燥器）、烟筒（如烟囱）、电器设备（如配电盘、变压器等）、高温物体、雷击和静电等。这些火源是引起易燃易爆物质着火爆炸的常见原因，控制这些火源的使用范围和与可燃物接触，对于防火防爆是十分重要的。通常采取的措施有隔离、控制温度、密封、润滑、接地、避雷、安装防爆灯具和设禁止烟火的标志等。

在日常生产、生活中要谨慎用火，不要在易燃易爆物品周围使用明火。要注意着火源与可燃物隔离，灯具等易发热物品不能贴近窗帘、沙发，隔离木板等易燃物品，在配电盘下不许堆放棉絮、泡沫等易燃物品。要养成好的用火习惯，不乱扔火种烟蒂。易产生高温、发热的电器设备在使用过后要随手关闭电源，防止温度过高自行燃烧。一些易产生静电的电器设备应采取接地和避雷设施。在油库、液化气库等易挥发危险物品的存储空间均应用防爆措施,避免电器设备在使用中产生的火花点燃危险物品而酿成火灾。

(2) 控制可燃物和助燃物

根据不同情况采取不同措施。如在建筑装修及居家用品的选择中,以难燃或不燃的材料代替易燃和可燃材料;用不燃建材代替木材造房屋;用防火涂料浸涂可燃材料,提高其耐火极限。

对化学危险物品的处理,要根据其不同性质采取相应的防火防爆措施。如黄磷、油纸等自燃物品要隔绝空气贮存;金属钠、金属钾、磷粉等遇湿易燃物品要防水防潮等。

(3) 控制生产过程中的工艺参数

工业生产特别是易燃易爆化学危险物品的生产,正确控制各种工艺参数,防止超温、超压和物料跑、冒、滴、漏,是防止火灾爆炸事故的根本措施。

防止超温采取除去反应热、防止搅拌中断和正确选择传热介质等;投料方面应严格控制投料速度、投料配比、投料顺序和原料纯度等。

(4) 防止火热蔓延

限制火灾爆炸扩散蔓延的措施从建筑、生产、城镇的设计就要加以统筹考虑。对危险性较大的设备和装置,应采用分区隔离的方法;安装安全防火防爆设备,如安全液封、阻火器、单向阀和阻火阀门等。

2. 灭火的基本方法

根据物质燃烧原理和人们长期同火灾作斗争的实践经验,灭火的基本方法有四种。

1) 冷却灭火法

冷却灭火,是根据可燃物质发生燃烧时必须达到一定的温度这个条件,将灭火剂直接喷洒在燃烧的物体上,使可燃物的温度降低到燃点以下从而使燃烧停止。用水进行冷却灭火,是扑救火灾的最常用方法。二氧化碳的冷却效果也很好。

在火场上,除用冷却法直接扑灭火灾外,还经常冷却尚未燃烧的可燃物质及建筑构件、生产装置或容器。

2) 隔离灭火法

隔离灭火法,是根据发生燃烧必须具备可燃物这个条件,将已着火物体与附近的可燃物隔离或疏散开,从而使燃烧停止,如关闭阀门,阻止可燃气体、液体流入燃烧区;拆除与火源相毗连的易燃建筑等。

3) 窒息灭火法

窒息灭火法,是根据燃烧需要足够的空气这个条件,采取适当措施来防止空气流入燃烧区,使燃烧物质缺乏或断绝氧气而熄灭。这种灭火方法,适用于扑救封闭的房间、地下室和船舱内的火灾。

4) 抑制灭火法

抑制灭火法,就是使灭火剂参与燃烧的连锁反应,使燃烧过程中产生的游离基消失,形成稳定分子,从而使燃烧反应停止。

目前被认为效果较好、使用较广的抑制灭火剂是卤代烷灭火剂(如 1211、1301)。但卤代烷灭火剂对环境有一定污染,国际环境卫生组织已限制使用。

此外,近年发展起来的干粉灭火剂,也有认为是属抑制法灭火剂之一,而且灭火效果较好，将被广泛地生产和使用。

在火场上，往往同时采用几种灭火法，以充分发挥各种灭火方法的效能，才能迅速有效地扑灭火灾。

3. 扑救初起火灾的简易方法

1）隔断可燃物

——将燃烧点附近可能成为火势蔓延的可燃物移走。

——关闭有关阀门，切断流向燃烧点的可燃气和液体。

——打开有关阀门，将已经燃烧的容器或受到火势威胁的容器中的可燃物料通过管道导至安全地带。

——采用泥土、黄沙筑堤等方法，阻止流淌的可燃液体流向燃烧点。

2）冷却

冷却的主要方法是喷水或喷射其他灭火剂。

——本单位（地区）如有消防给水系统、消防车或泵，应使用这些设施灭火。

——本单位如配有相应的灭火器，则使用这些灭火器灭火。

——如缺乏消防器材设施，则应使用简易工具，如水桶、面盆等传水灭火。如水源离火场较远，到场灭火人员又较多，则可将人员分成两组，采取接力供水方法，即：一组向火场传水，另一组将空容器传回取水点，以保证源源不断地向火场浇水灭火。但必须注意：对忌水物资则切不可用水进行扑救。

3）窒息

——使用泡沫灭火器喷射泡沫覆盖燃烧物表面。

——利用容器、设备的顶盖盖没燃烧区，如放下着火船舱舱盖，盖上油罐、油槽车、油池和油桶的顶盖。

——油锅着火时，立即盖上锅盖。

——利用毯子、棉被和麻袋等浸湿后覆盖在燃烧物表面。

——用沙、土覆盖燃烧物。对忌水物质则必须采用干燥沙、土扑救。

4）扑打

对小面积草地、灌木及其他固体可燃物燃烧，火势较小时，可用扫帚、树枝条和衣物扑打。但应注意，对容易飘浮的絮状粉尘等物质则不可用扑打方法灭火，以防着火的物质因此飞扬，反而扩大灾情。

5）断电

——如发生电气火灾，火势威胁到电气线路、电器设备，或威胁到灭火人员安全时，首先要切断电源。

——如使用一般的水、泡沫等灭火剂灭火，必须在切断电源以后进行。

6）阻止火势蔓延

——对密闭条件较好的小面积室内火灾，在未作好灭火准备前，先关闭门窗，以阻止新鲜空气进入。

——与着火建筑相毗连的房间，先关上相邻房门；可能条件下，还应再向门上浇水。

7）防爆

——将受到火势威胁的易燃易爆物质、压力容器和槽车等疏散到安全地区。

——对受到火势威胁的压力容器、设备应立即停止向内输送物料，并将容器内物料设法导走。

——停止对压力容器加温，打开冷却系统阀门，对压力容器设备进行冷却。

——有手动放空泄压装置的，应立即打开有关阀门放空泄压。

第四章　培训和质量管理知识

学习目标：通过本部分的学习，使学员掌握培训和质量管理的基础知识，准确、科学地理解培训和质量管理的内涵，理解和掌握浓缩厂级联操作工作中培训质量管理的原则和要求。

第一节　培训知识

培训是指组织通过学习和训导来提高员工的工作能力和知识水平，最大限度地使员工的个人素质与工作需求相匹配以提高员工现在和将来的工作绩效。这是一个系统化的行为改变过程，也是现代组织人力资源管理的重要组成部分。现代组织的管理注重人力资源的合理使用和培养。要提高组织的应变能力就需要不断地提高人员素质，使组织及其成员能够适应外界的变化并为新的发展创造条件。

一、概述

培训是给新雇员或现有雇员传授其完成本职工作所必需的基本技能的过程，是一切通过传授知识、转变观念或提高技能来改善当前或未来管理工作绩效的活动。

培训是组织通过学习、训导的手段提高员工的工作能力、知识水平和潜能发挥，最大限度地使员工的个人素质与工作需求相匹配，进而促进员工现在和将来的工作绩效提高。严格地讲，培训是系统化的行为改变过程，这个行为改变过程的最终目的就是通过工作能力、知识水平的提高以及个人潜能的发挥，明显地表现出工作上的绩效特征。工作行为的有效提高是培训与开发的关键所在。

二、实施培训的主要目的

培训的主要目的是提高工作绩效水平，提高员工的工作能力；增强组织或个人的应变和适应能力；提高和增强组织企业员工对组织的认同和归属。

三、现代企业中的培训工作的特性

（一）培训的经常性

及时的充实和长期的积累能使企业人员保持技术上的先进地位，获得最大的技术开发潜能。

（二）培训的超前性

关注管理理论研究的最新成果，以及其他学科理论和技术前沿研究，以最大程度地培养、激发员工的创造力，为开发人的最大潜能创造机会。

（三）培训效果的后延性

培训效果有后延性，若对培训的设计仅限于短期的具体目标就不能满足企业应付和适应多变的动态环境和市场需求的要求。

四、企业培训的误区

企业培训越来越受到重视,诸多企业纷纷开始着手建立自己的人才培训机制。然而在企业的培训过程中存在着以下几个误区,需引起我们的注意与足够的重视。

(一) 培训是知识的增加,与行为、态度无关

在企业的培训中,我们经常可以看见各种各样的考试,如英语考试。对于很多由国有转为中外合资的企业来说,进行外语培训的目的往往只是为了让员工多背几个单词,多会几句日常用语,似乎这样,就算是完成了转变。然而这恐怕远非我们的目标,我们也不可能通过外语培训,使得一些连基本单词都不会的人,在短时间内就能与外方直接对话。它真正的意义其实更应该是在改变员工原有的学习惰性,不重视知识的态度,促使他们在行为上更要求上进。因此停留在"知"的层面上的学习不是真正意义上的学习,只有将对知识的了解转化为自身行为的进步、态度的改变,而由此最终达到的一种总体效果,才构成了培训的完整目标。

(二) 培训是为了提高学员的素质,培训师只是为学员服务的

对于外部培训来说,培训师是为学员服务的。但在内部培训中,在某些时候,培训更多的作用是为了锻炼内部培训师,并从中选拔出优秀的管理人员。然而我们却发现大部分企业并没有将内部培训师的地位提高到管理人员的后备队伍上,而是因为有能力的人工作太多,太忙,往往会委派一些闲人去充当企业的内部培训师,这使得培训在企业中所能起到的作用大为降低,培训的效果也受到了极大的影响。

(三) 培训的目标就是育人

培训作为人力资源体系的"选、育、用、留"中的"育",的确很大程度上是为了育人,但它还有一个目标,就是进行知识的凝聚、管理和共享。在企业中,除了人之外,最重要的恐怕就是知识了,然而知识的载体也是人。今天对于很多企业来说,人才的流动,特别是优秀人才的流动非常频繁,而通过完备的企业培训体系,可以将这些优秀人才的知识以培训资料的形式保存下来,达到知识的凝聚、管理和共享。

五、如何培训才能取得最佳效果

培训最大的价值在于推动企业形成良好的组织习惯。从管理角度讲,我们通过培训不仅要提高每个人的管理知识、管理技能,更重要的是要保证全体管理干部和整个组织按照统一的方法去应用,从而最大限度地提高组织效率,而不仅是个人的效率。举一个时间管理的例子,许多企业都引入了这门课程,每个人学习以后,都可以设计出自己的时间管理方法,但常常会出现这样的情况,暂时个体效率提高了,但组织效率却没有提高,因为大家时间管理方法根本不统一,相互之间无法配合。

现在很多企业都意识到培训的重要,但如何达到和提高培训的效果,要注重以下几点。

(一) 来自管理高层的支持和重视是关键

尽管这似乎是老生常谈,而且几乎所有公司的管理高层似乎都支持员工培训,但支持和重视还远远不够。例如,在消费领域,员工培训的总预算不到广告费用的 1/10。他们没有充分认识到,把广告费用的 10%转到员工培训上来,不仅会改善产品推广的最终效果,而且会提高公司的总体利润,以及增强公司长期的持续发展。

要搞清培训对象,并对其分类。因为培训最忌讳人员水平的参差不齐,设计好的课程很难满足具备不同水准的中、高层管理人员。

企业的运营中出现的问题往往与管理有关,管理问题不解决,光培训员工的技能是无效的,所以系统的培训首先应当从解决问题的根源——管理着手。例如,要培训销售人员销售技能,首先应该培训销售经理,使销售经理掌握正确的销售技能,然后再培训销售人员。培训之后,销售经理按照正确的销售技能要求、监督和辅导销售人员,销售技能培训才能有效。

(二)培训部门要把自己的队伍建设成为专家型队伍

培训人员必须能够成为决策层的顾问,同时影响决策者大力推进项目,这样只有通过培训提升管理水平,培养良好的组织习惯才能实现。这将是国内规模较大的企业培训部门在今后几年中的工作重点和难点。

需求分为个人需求和组织需求。对于管理规范的企业,都鼓励员工的个人发展,结合员工个人发展所提供的培训课程,无疑会受到员工从内心深处的欢迎,培训效果的提高从主观上来讲就没有问题。这一部分的培训关键是要看培训的形式。对于受教育程度高的员工,互动式培训会较高,而对于教育程度低的员工,课堂式会更合适一些。

(三)制订一个有效的培训计划

具体、多样的培训主题,如 ISO 9000 培训、项目管理培训、销售培训和技术培训等。每个培训都有具体的要求,这种要求决定了培训的方式方法。

涵盖各个部门、各个层次的员工,如生产、采购、财务、研发、市场与销售等部门中的专业技术人员、行政人员、管理人员和车间里的基层工人等等,针对不同的培训对象,采用适当的主题、深度及培训形式是很重要的。一刀切式的培训不会收到预期效果。对高级经理强调培训也同样重要,如果高级经理不称职,那么整个培训预算将会付诸东流。

虽然针对短期利益的培训,对公司目前在竞争激烈的市场上取得成功很重要,但致力于企业长期利益的培训正变得越来越重要。旨在长期利益的培训包括更深层次的技术和管理专业知识。

(四)课程设计要有针对性

这不仅意味着对培训人员要有的放矢;在外企,课程设计还要注重东西方文化,因为两种文化背景的受训人员接受知识的背景和方式有很大的不同,如东方人喜欢集体性的问答,而西方人则喜欢与老师独立交流的互动式学习。在培训形式上要灵活、生动、活泼,易于为员工所接受,切忌形式主义、走过场;要紧密联系实践,形成双方的良性互动,避免单向的灌输。

专业知识的丰富与否直接影响培训内容。而工作热情对教师同样重要,它意味着该教师是否热爱这份工作,这将是一种态度。爱立信(Ericsson)对待教师的考核即有两方面,即专业知识、教学技能和教学态度。培训导师的选择一个是公司的高级经理,一个是外聘。使用公司的高级经理作为培训导师,好处是具有较强的针对性,缺点是高级经理可能缺乏培训技巧,不能进行生动的讲解,如果先安排高级经理参加培训培训者课程效果会好些;对于外聘的培训导师,一个是费用较高,另一个是目前很多培训机构和培训导师鱼龙混杂,另外还要关注培训机构和导师的专长范围,因此必须把握好评估关,可以向他们的客户进行咨询也可以进行试听。

(五)让公司的全体员工确实认识到培训的重要性

员工往往认为培训的重要意义在于获得证书,而忽略了培训的实质。一旦获得所需要的证书,员工进一步提高自我、甚至应用从培训中所获得技能的积极性就消失了。切忌所有学员都有证书,如果是这样,也就丧失了激励的作用。每次培训保持一定比例的不及格者,这样学员才会努力并认真地参与进来。对于不及格者,可参加下次的培训,并拿到证书。证书不一定要权威机构的,公司内部的也可以,但要尽量将这个证书变得权威些,变得有吸引力些。改善员工的硬技能固然重要,同时,改善他们的软技能,如纪律、职业道德和献身精神更为重要。提高这些软技能,对一个公司的成功来说更为关键,因为它是对硬技能培训有效性的保障,同时也更具挑战性,因为软技能要求员工改变他们的态度。为此,要精心设计一系列行动方案,以保证能有效改变他们的态度。这一过程西方称之为“变革管理”。为了有效管理这种变化,公司需要制定一套明确的绩效评估方法和激励计划,其中要能够反映出先进技能的重要性。

“人们往往并不按照正确的或必需的去做,而是按照要考核或奖励的去做”。对于出于组织需求的培训课程,要分析可能引起培训效果降低的原因。常见的一个原因就是这些课程不能引起学员的兴趣,所以,向学员表明培训及课程对他们的重要性及对他们职业发展的帮助会提高效果。大部分跨国公司都有职位说明书,在职位说明书中都会列明该职位所需要的知识、技能和态度。所以,出于组织需要的培训就要结合职位说明书来进行。

研究证实,若要成功地进行培训,至少应有一半工作人员不是职业培训者,而是直线管理部门的经理,他们把培训作为职业发展计划的一部分。

在早期研究中,培训仅仅是这样一种活动,即强调雇员应该做什么才能实现组织的目标。在这种情况下,培训部门变为业绩管理部门,把大约80%的精力用于注视工作环境,而将20%的精力用于培训雇员,只注意怎样将业绩加以分类,而不考虑达到目标首先必须做什么。由于每个组织都有其特点,并且这种差异应反映在培训机构的设计上,所以给出培训部门的“正确”结构并不容易。但是,无论其正式结构如何,培训部门必须注意以下一些关键环节。首先,直线职能部门的经理应该参与培训设计的各个环节;其次,应向权力中心阐明培训的作用,以便将培训纳入组织的战略计划;最后,应围绕更多的任务来组织人员培训,这些任务注重人的行为效果而不是人的能力。

此外,组织还必须明确培训与其他人力资源管理职能的关系,以便建立一个良好的合作机构,其内部的成员都自觉地以促进组织目标实现的方式去学习和参与变革。尽管组织的迅速变化使得人们难以确定合适的培训结构,但人力资源发展已被形象地比喻为组织的“鱼塘”,即其必须集中反映一个组织最紧迫的职业需求,同时体现管理的风格和雇员的权力。

(六)设立完善的评估制度

培训的效果要通过对教师和学生的测评得出。对教师评估有利于提高教学质量;而对学员的成绩评估则是为了对其有相对制约,以保证学习效果。因为企业培训多是免费和不正规的,易流于形式,所以培训最终要有完善的考试制度和定期对教师教学质量的测评调查。

组织中的管理者都试图对其所采取的措施进行预测和控制,但由于对结果造成影响的因素不都是可以被考虑到和管理好的,对结果的分析可以帮助我们了解失败的原因,寻找解决、改正或弥补的方法。

（七）多用好的案例

在引用案例时，应注意实用性，可操作性，发动学员一起积极主动参与，对案例进行分析，给其诊断，找出病因，结合到所学的理论，再结合企业现状做出正确分析。案例内容不单单是企业管理，也可是一则发人深思的故事，只要能使人受到启发的，能通过案例进一步深刻掌握所学理论的，使理论不晦涩难懂，能引用到实际企业管理当中的，都可采用。往往学员在参与案例分析后，对所学理论会有一种茅塞顿开的感觉。这样一方面提高了培训的生动、深刻性，学员的学习积极性，另一方面也能学以致用。

（八）建立一种持续的、经常性的培训机制

这种机制应涵盖企业的所有员工，而且还要包括所有合适的培训方法，例如用于在岗培训的内部导师体系，用于强化培训的内部培训专家，利用外部培训资源：将员工送到外部进行培训，或邀请外部培训专家来公司培训等。

第二节　质量管理

根据国际标准化组织在 ISO 9000：2000《质量管理体系基础和术语》中的定义，质量是指“一组固有特性满足要求的程度”。在这个定义中，没有将质量限定于产品或服务，而是泛指一切可单独描述和研究的事物，它可以是活动或过程，可以是产品，也可以是组织、体系或人以及上述各项的任何组合。

ISO 9000 标准把质量特性定义为：“产品、过程或体系与要求有关的固有特性”。为了满足顾客需要，就要把感性、含混的顾客需要变换为清晰的、理性的、技术的或工程的语言，这就是质量特性。我们所得到的或确定的质量特性是人为变换的结果，实质上是相对于顾客需要的一种代用特性，这种变换的准确程度将直接影响到顾客需要能否得到满足，变换越准确，就越能反映顾客需要，从而实现顾客满意。

质量特性可以分为以下几种类型：

——技术性或理化性的质量特性。

——心理方面的质量特性。

——时间方面的质量特性。

——安全方面的质量特性。

——社会方面的质量特性。

ISO 9000 标准中把质量管理定义为：“在质量方面指挥和控制组织的协调的活动”。这些活动通常包括制定质量方针和质量目标、质量策划、质量控制、质量保证和质量改进。

质量策划致力于制定质量目标并规定必要的运行过程和相关资源以实现质量目标。质量策划明确了质量管理所要达到的目标以及实现这些目标的途径，是质量管理的前提和基础。质量控制致力于满足质量要求。质量控制确保组织的活动按照计划的方式进行，是实现质量目标的保障。质量保证致力于提供质量要求会得到满足的信任。质量改进致力于增强满足质量要求的能力。质量改进则意味着质量水准的飞跃，标志着质量活动是以一种螺旋式上升的方式不断提高。

质量管理的发展经历了三个阶段：第二次世界大战以前可以看做是第一阶段，通常称为质量检验阶段；第二阶段是从第二次世界大战开始到 20 世纪 50 年代，称为统计质量控制阶

段;第三阶段是从20世纪60年代开始的全面质量管理阶段。

ISO 8402:1994将全面质量管理定义为:“一个组织以质量为中心,以全员参与为基础,目的在于通过让顾客满意和本组织所有成员及社会受益而达到长期成功的管理途径。”这里主要介绍全面质量管理的基本要求。

一、全过程的质量管理

产品质量有一个产生、形成和实现的过程,这个过程是由多个相互联系、相互影响的环节所组成的,每一个环节都对产品质量产生或大或小的影响,因此需要控制影响质量的所有环节和因素。全过程的质量管理包括了从市场调研、产品的设计开发、生产(作业),到销售、售后服务等全部有关过程。换句话说,要保证产品或服务的质量,不仅要搞好生产或作业过程的质量管理,还要搞好设计过程和使用过程的质量管理。要把质量形成全过程的各个环节或有关因素控制起来,形成一个综合性的质量管理体系,做到以预防为主,防检结合,重在提高。为此,全面质量管理强调必须体现如下两个思想。

(一)预防为主、不断改进的思想

优良的产品质量是设计和生产制造出来的,而不是靠事后的检验决定的。事后的检验面对的是既成事实的产品质量。全面质量管理要求把管理工作的重点从“事后把关”转移到“事前预防”上来;从管结果转变为管因素。实行“预防为主”的方针,把不合格品消失在它的形成过程之中,做到“防患于未然”。当然,为了保证产品质量,防止不合格品出厂或流入下道工序,并把发现的问题及时反馈,防止再出现、再发生,加强质量检验在任何情况下都是必不可少的。强调预防为主、不断改进的思想,不仅不排斥质量检验,甚至要求其更加完善,更加科学。质量检验是全面质量管理的重要组成部分,企业内行之有效的质量检验制度必须坚持,并且要进一步使之科学化、完善化、规范化。

(二)为顾客服务的思想

顾客有内部和外部之分:外部的顾客可以是最终的顾客,也可以是产品的经销商或再加工者,内部的顾客是组织的部门和人员;实行全过程的质量管理要求组织所有各个工作环节都必须树立为顾客服务的思想。内部顾客满意是外部顾客满意的基础。因此,在企业内部要树立“下个过程是顾客”“努力为下一个过程服务”的思想。现代组织工作是一环扣一环的,上一个过程的质量会影响后一个过程的质量,一个过程出了质量问题,就会影响整个过程以至产品质量。因此,要求每个过程的质量,都要经得起下一个过程,即“顾客”的检验,满足下一个过程的要求。有些企业开展的“三工序(过程)”活动即复查上道工序的质量;保证本道工序的质量;坚持优质、准时为下道工序服务是为顾客服务思想的具体体现。只有每个过程在质量上都坚持高标准,都为下个过程着想,为下个过程提供最大的便利,组织才能目标一致地,协调地生产出符合规定要求、满足用户期望的产品。

可见,全过程的质量管理就意味着全面质量管理要“始于识别顾客的需要,终于满足顾客的需要”。

二、全员的质量管理

产品和/或服务质量是企业各方面、各部门、各环节工作质量的综合反映。组织中任何一个环节,任何一个人的工作质量都会不同程度地直接或间接地影响着产品质量或服务质量。

为了激发全体员工参与的积极性，管理者要做好以下三个方面的工作：

（一）全员的质量教育和培训

一方面要加强员工的质量意识，职业道德、以顾客为中心的意识和敬业精神的教育；另一方面要提高员工的技术能力和管理能力，增强参与意识。在教育和培训过程中，要分析不同层次员工的需求，有针对性地开展教育和培训。

（二）明确全员质量责任

把质量责任纳入到相应的过程、部门和岗位中，形成一个高效、严密的质量管理工作的系统。

对员工授权赋能，使员工自主做出决策和采取行动，即所谓的活性化。活性化是全面质量管理的基本做法之一，之所以如此，原因在于：① 员工有强烈的参与意识，同时也有很高的聪明才智，员工活性化会激发他们的积极性和创造性；② 企业的竞争力在于顾客和其他相关方的满意以及对市场变化的反应速度，而顾客和相关方满意，以及市场的反应速度很大程度上取决于员工的活性化程度；③ 活性化的员工应该要求对于质量作出相应的承诺，并将质量责任同奖惩机制挂起钩来，确保责、权、利的统一。

（三）群众性的质量管理活动

鼓励团队合作和多种形式的群众性质量管理活动，充分发挥广大职工的聪明才智和当家作主的进取精神。

群众性质量管理活动的重要形式之一是质量管理小组。此外，还有很多群众性质量管理活动，如合理化建议制度、和质量相关的劳动竞赛等。

三、全组织的质量管理

全组织的质量管理可以从纵横两个方面来加以理解。从纵向的组织管理角度来看，质量目标的实现有赖于组织的上层、中层、基层管理乃至一线员工的通力协作，其中尤以高层管理能否全力以赴起着决定性的作用。从组织职能间的横向配合来看，要保证和提高产品质量必须使组织研制、维持和改进质量的所有活动构成为一个有效的整体。全组织的质量管理可以从两个角度来理解。

（一）从组织管理的角度来看

每个组织都可以划分成上层管理、中层管理和基层管理。“全组织的质量管理”就是要求组织各管理层次都有明确的质量管理活动内容。当然，各层次活动的侧重点不同。上层管理侧重于质量决策，制订出组织质量方针、质量目标、质量政策和质量计划，并统一组织、协调企业各部门、各环节、各类人员的质量管理活动，保证实现组织经营管理的最终目的。中层管理则要贯彻落实领导层的质量决策，运用一定的方法找到各部门的关键、薄弱环节或必须解决的重要事项，确定出本部门的目标和对策，更好地执行各自的质量职能，并对基层工作进行具体的业务管理。基层管理则要求每个职工都要严格地按标准、按规范进行生产，相互间进行分工合作，互相支持协助，并结合岗位工作，开展群众合理化建议和质量管理小组活动，不断进行作业改善。

（二）从质量职能角度看

产品质量职能是分散在组织的所有有关部门中的，要保证和提高产品质量，就必须将分散在组织各部门的质量职能充分发挥出来。但由于各部门的职责和作用不同，其质量管理的内容也是不一样的。为了有效地进行全面质量管理,就必须加强各部门之间的组织协调,并且为了从组织上、制度上保证组织长期稳定地生产出符合规定要求、满足顾客期望的产品,最终必须要建立起全组织的质量管理体系,使组织的所有研制、维持和改进质量的活动构成为一个有效的整体。建立和健全组织质量管理体系,是全面质量管理深化发展的重要标志。

可见,全组织的质量管理就是要"以质量为中心,领导重视,组织落实,体系完善"。

四、多方法的质量管理

影响产品质量和服务质量的因素越来越复杂:既有物质的因素,又有人的因素;既有技术的因素,又有管理的因素;既有组织内部的因素,又有随着现代科学技术的发展,对产品质量和服务质量提出了越来越高要求的外部的因素。要把这一系列的因素系统地控制起来,全面管好,就必须根据不同情况,区别不同的影响因素,广泛、灵活地运用多种多样的现代化管理方法来解决现代质量问题。

当前,质量管理中使用的工具和方法,既有统计方法又有非统计方法。常用的质量管理方法有所谓的老七种工具、新七种工具。除此以外,还有另外一些方法以及近年开发的一些新方法,如质量功能展开 (QFD)、田口方法、故障模式和影响分析(FMEA)、头脑风暴法(Brainstorming)、六西格玛法(6 σ)、水平对比法 (Benchmarking)和业务流程再造(BPR)等。

总之,为了实现质量目标,必须综合应用各种先进的管理方法和技术手段,必须善于学习和引进国内外先进企业的经验,不断改进本组织的业务流程和工作方法,不断提高组织成员的质量意识和质量技能。"多方法的质量管理"要求的是"程序科学、方法灵活、实事求是、讲求实效"。

五、ISO 9000 族标准概述

ISO 9000 族标准是关于质量管理体系的一组国际标准,由国际标准化组织(ISO)发布。制定这组标准的目的,是为各种类型和规模的组织实施并运行有效的质量管理体系提供帮助,并通过标准的宣传实施及认证活动,在世界范围内建立关于质量和质量管理体系的一定程度的共同认识,在国内和国际贸易中促进相互理解。

ISO 9000 族标准自 1987 年问世以来,相继被世界各国接受和采用。随着国际经济交流的蓬勃发展和贸易往来的日趋频繁,顾客对质量的要求越来越高,质量管理体系认证风靡全球,ISO 9000 族标准越来越成为需方对供方提出质量管理体系要求和供方证实自己能力的依据。

我国是较早采用和贯彻 ISO 9000 族标准的国家之一。1988 年,我国就发布了等效采用 ISO 9000 族系列标准的 GB/T 10300 系列标准,后又于 1992 年发布了等同采用的 GB/T 1900 系列标准。在 1994 年 ISO 9000 族标准第一次修订、2000 年第二次修订换版后,我国均发布了等同采用的 GB/T 19000 族标准。

ISO 9000 族标准的四项核心标准分别为:

ISO 9000《质量管理体系基础和术语》,表述质量管理体系的基础知识并规定了质量管理体系术语。

ISO 9001《质量管理体系要求》,规定了达到顾客满意水平的质量管理体系要求,可用于证实组织具有提供满足顾客要求和适用的法规要求的产品的能力，并能通过持续改进，不断增进顾客满意。该标准可用于组织内部管理，也可用于合同环境或作为认证的依据。

ISO 9004《质量管理体系业绩改进指南》，从质量管理体系的有效性和效率两方面，为质量管理体系的建立和运行提供的指南。这个标准的目的不仅是达到顾客满意，还在于广泛地改进组织的业绩，让顾客和其他利益相关方满意。该标准主要用于组织内部管理，不能作为认证的依据。

ISO 19011《质量和(或)环境管理体系审核指南》，为质量管理体系和环境管理体系的内部审核和外部审核提供指南。

按照 ISO 致力于国际标准的建设和不断完善的工作原则，根据 ISO 的有关规则，所有标准都需要定期修订(一般为 5～8 年)，以确保标准内容与思路的及时更新，能及时反映和充分体现被广泛接受的质量管理实践的科学成果与思想，以满足世界范围内标准使用者需要。

ISO 9001:2015《质量管理体系　要求》国际标准已于 2015 年 9 月正式发布，ISO 9001:2015 版标准结构完全按照 ISO/IEC 导则，第 1 部分 ISO 补充规定的附件 SL 的格式重新进行了编排，为的是方便多个管理体系的整合。在内容方面，ISO 9001:2015 版标准新增了“理解组织及其环境”，“理解相关方需求和期望”和“应对风险和机遇措施”的要求；增强了对知识管理的要求；增强了最高管理者的领导作用和承诺；突出强调了实现管理体系的预期输出，提供合格、一致的产品和服务以增强顾客满意；强调了质量绩效和质量体系的有效性。可以说 ISO 9001:2015 版标准不仅仅表现为实际要求的改变，更是理念上方法上的不同。

六、QC 小组活动

QC 小组是在生产或工作岗位上从事各种劳动的职工，围绕企业的经营战略、方针目标和现场存在的问题，以改进质量、降低消耗、提高人的素质和经济效益为目的组织起来，运用质量管理的理论和方法开展活动的小组。

QC 小组的概念包含了以下四层意思：

——参加 QC 小组的人员是企业的全体员工，不管是高层领导，还是一般管理者、技术人员、工人、服务人员都可以组建 QC 小组。

——QC 小组活动可以围绕企业的经营战略、方针目标和现场存在的问题来选题，活动内容广泛。

——小组活动的目的是提高人的素质，发挥人的积极性和创造性，改进质量，降低消耗，提高经济效益。

——小组活动强调运用质量管理的理论和方法开展活动，具有严谨的科学性。

QC 小组活动的特点突出表现为明显的自主性、广泛的群众性、高度的民主性、严谨的科学性。

(一) 明显的自主性

QC 小组是以职工自愿参加为基础，实行自主管理、自我教育、互相启发、共同提高，充分发挥小组成员的个人潜能和创造性，自主性是 QC 小组最主要的特性。QC 小组不同于行政班组，其组建无需行政命令，而强调自愿结合、自主管理、以人为本、尊重并着力于激发职工的主观能动性。

(二) 广泛的群众性

QC 小组是吸引全员参加质量管理的有效组织形式,除包括高层领导在内的管理者、技术人员外,更容易吸引在生产、服务第一线的操作人员参加。员工通过 QC 小组活动提高发现问题、解决问题的能力,群策群力,为个人成长创造环境,为实现组织绩效尽责尽力。

(三) 高度的民主性

QC 小组组长可以民主推选,也可以由小组成员轮流担任,人人都有发挥聪明才智和锻炼成长的机会;同时在 QC 小组内部讨论问题、解决问题时,小组成员间是平等的,不分职位与技术等级高低,各抒己见,互相启发,集思广益,保证既定目标的实现。

(四) 严密的科学性

QC 小组要遵循 PDCA 的工作程序,运用 TQM 的理论和方法开展活动,步步深入地分析问题、解决问题;在活动中坚持用数据说明事实,用科学的方法来分析与解决问题,而不是凭"想当然"或个人经验。小组的建立及其活动,是为了解决问题,目标指向明确。

QC 小组活动的宗旨,即 QC 小组活动的目的和意义可以概括为以下三个方面:

——提高员工素质,激发员工的积极性和创造性;

——改进质量,降低消耗,提高经济效益;

——以人为本,营造整洁有序的生产、服务、工作现场,培育积极向上的团队精神。

QC 小组活动的作用已得到广泛认可,通常可以归纳为如下七个方面:

——有利于开发智力资源,发掘人的潜能,提高人的素质;

——有利于预防质量问题和改进质量;

——有利于实现全员参与管理;

——有利于沟通,改善人际关系,增强团队协作精神;

——有利于改善和加强管理工作,促进管理水平的提升;

——有助于提高员工的科学思维能力、组织协调能力、分析与解决问题的能力,促进职工岗位成才;

——有利于提高顾客满意程度。

QC 小组的课题来源一般有三个方面:一是上级下达的指令性课题;二是质量部门推荐的指导性课题;三是自主性课题。根据所选课题的特性、内容的不同,可将小组活动课题分为下述五种类型,即"现场型""服务型""攻关型""管理型"和"创新型"。

现场型课题通常以稳定工序质量、改进产品质量、降低消耗、改善生产环境为目的。一般选择的课题较小,难度不大,活动周期较短,比较容易出成果,但经济效益不一定大。

服务型课题通常以推动服务工作标准化、程序化、科学化、提高服务质量和效益为目的。活动课题较小,活动时间不长,见效较快。这类课题不一定取得显著的经济效益,但社会效益往往比较明显。

攻关型课题通常以解决技术关键问题为目的。课题难度大,活动周期较长,需投入较多的资源,经济效益显著。

管理型课题通常以提高工作质量、解决管理中存在的问题、提高管理水平为目的。课题有大有小,如只涉及本部门具体业务工作的改进课题就小一些,而涉及多个部门协作的,课题就大些,难度不尽相同,效果差别也较大。

创新型课题是 QC 小组成员运用新的思维方式和视角、采用创新方法，开发新技术、新产品、新市场、新方法而实现预期目标的课题。由于课题是以往不曾有过的，因此通常无现状可调查。为实现预定的目标可以有多种方案，应由小组成员运用创新思维提出，并对各种方案进行分析论证和评价，必要时进行模拟试验，选择最佳方案，然后付诸实施。

将 QC 小组活动课题进行分类，是为了突出小组活动的广泛性、多样性，便于分类发表交流、评价选优。但分类方法不能绝对化，以免束缚思维，不利于小组成员积极性、创造性的发挥。

QC 小组实施改进，解决问题除运用专业技术外，所涉及的管理技术主要有三个方面：其一是遵循 PDCA 循环；其二是以事实为依据，用数据说话；其三是统计方法的应用。

通常所说的 QC 小组活动的“四个阶段，八个步骤”的四个阶段就是指 PDCA。P(计划)阶段包含着 4 个步骤，即找出所存在的问题、分析产生问题的原因、确定主要原因、制定对策措施；D(执行)阶段为 1 个步骤，即实施制定的对策；C(确认) 阶段为 1 个步骤，即检查确认活动的成效；A(处置)阶段包含着 2 个步骤，即制定巩固措施、防止问题再发生，提出遗留问题及下一步打算。

QC 小组活动过程中的课题确定、目标制定、问题分析、要因确认、对策措施的制定和效果评价等，都要有证据来说明，而所提供的证据必须是客观存在、经得起检验和推敲的事实和数据。因此 QC 小组成员要在活动过程中观察、记录、积累数据，并进行整理和分析，做到以事实为依据，用数据说话。

QC 小组为了取得证据，要收集大量的数据，其中有的是有效数据，有的则是无效数据。有效、无效的判定需要借助统计方法进行甄别筛选，有效数据需要借助统计技术进行整理分析。可应用的统计方法有很多，如：

老七种工具分别是：分层法、排列图、因果图、直方图、控制图、散布图和调查表；

新七种工具分别是：关联图、系统图(或称树图)、亲和图(或称 KJ 法，A 图解)、PDPC 法(或称过程决策程序图法)、矩阵图、矩阵数据分析法和矢线图；还有一些简易图表(包括柱状图、饼分图、折线图和雷达图等)。

此外，还可应用价值工程、正交试验设计法和水平对比等，凡是对分析问题、解决问题有作用的工具方法都可以在 QC 小组活动中进行应用。

第五章　相关法律、法规知识

学习目标：通过本部分的学习，使学员掌握《中华人民共和国劳动法》《中华人民共和国安全生产法》《中华人民共和国环境保护法》《中华人民共和国放射性污染防治法》等法律的适用范围、立法的目的，以及具体包括的基本内容。

第一节　《中华人民共和国劳动法》相关知识

一、适用范围

劳动法第 2 条明确规定："在中华人民共和国境内的企业、个体经济组织和与之形成劳动关系的劳动者，适用本法。国家机关、事业组织、社会团体和与之建立劳动合同关系的劳动者，依照本法执行。"根据这一规定及有关劳动行政法规和劳动规章的规定，适用范围如下：

（一）在中华人民共和国境内的企业、个体经济组织和与之形成劳动关系的劳动者适用本劳动法。这里的"企业"是指各种类型的企业，包括国有企业、集体所有制企业、中外合资企业、中外合作企业、外商独资企业、股份制企业、混合型企业、港澳台企业、私营企业、联营企业和乡镇企业等。个体经济组织是指雇工在 7 人以下的个体工商户。在中国境内的企业、个体经济组织与劳动者之间，只要形成劳动关系，不论他们之间是否订立劳动合同都适用劳动法。

（二）国家机关、事业组织、社会团体实行劳动制度的以及按规定应实行劳动合同制度的工勤人员；其他通过劳动合同与国家机关、事业组织、社会团体建立劳动关系的劳动者，适用本劳动法。

（三）实行企业化管理的事业组织的人员适用本劳动法。实行企业化管理的事业组织是指国家不再核拨经费，实行独立核算、自负盈亏的事业组织。

二、立法的目的

为了保护劳动者的合法权益，调整劳动关系，建立和维护适应社会主义市场经济的劳动制度，促进经济发展和社会进步，根据《中华人民共和国宪法》，制定本法。

三、基本内容

《中华人民共和国劳动法》包括以下基本内容：

（一）总则

（二）促进就业

（三）劳动合同和集体合同

（四）工作时间和集体合同

（五）工资

（六）劳动安全卫生

（七）女职工和未成年工特殊保护

（八）职业培训

（九）社会保险和福利

（十）劳动争议

（十一）监督检查

（十二）法律责任

（十三）附则

具体内容详见《中华人民共和国劳动法》全文。

第二节　《中华人民共和国安全生产法》相关知识

一、适用范围

《中华人民共和国安全生产法》中第二条明确规定：在中华人民共和国领域内从事生产经营活动的单位（以下统称生产经营单位）的安全生产，适用本法；有关法律、行政法规对消防安全和道路交通安全、铁路交通安全、水上交通安全、民用航空安全另有规定的，适用其规定。

（一）本法是专门调整涉及安全生产的相关关系的法律，因此，其适用的范围只限定在生产经营领域。不属于生产经营活动中的安全问题，如公共场所集会活动中的安全问题、正在使用中的民用建筑物发生垮塌造成的安全问题等，都不属于本法的调整范围。这里讲的“生产经营活动”，既包括资源的开采活动、各种产品的加工、制作活动，也包括各类工程建设和商业、娱乐业以及其他服务业的经营活动。

（二）本法适用的主体范围，包括一切从事生产经营活动的国有企业事业单位、集体所有制的企业事业单位、股份制企业、中外合资经营企业、中外合作经营企业、外资企业、合伙企业和个人独资企业等，不论其经济性质如何、规模大小，只要从事生产经营活动的，都应遵守本法的各项规定，违反本法规定的行为将受到法律的追究。

（三）当然，按照依法治国、依法行政的要求，各级人民政府及政府有关部门对安全生产的监督管理，也必须遵守本法规定。依照本法规定对安全生产工作负有监督管理职责的机关及其工作人员不依法履行职责、玩忽职守或者滥用职权的，将受到法律的追究。

（四）鉴于消防安全问题已有《消防法》调整；道路、铁路、水运和空运等交通运输的安全问题已有《海上交通安全法》《铁路法》《民用航空法》等法律或者《道路交通管理条例》等行政法规专门调整，因此，有关法律、行政法规对消防安全和道路交通安全、铁路交通安全、水上交通安全和民用航空安全另有规定的，分别适用有关法律、行政法规的规定。

二、立法的目的

《中华人民共和国安全生产法》中第一条明确规定：为了加强安全生产监督管理，防止和减少生产安全事故，保障人民群众生命和财产安全，促进经济发展，制定中华人民共和国安全生产法。

(一)加强安全生产的监督管理。所谓“安全生产”,就是指在生产经营活动中,为避免发生造成人员伤害和财产损失的事故而采取相应的故事预防和控制措施,以保证从业人员的人身安全,保证生产经营活动得以顺利进行的相关活动。

(二)防止和减少生产安全事故,保障人民群众生产和财产安全。所谓安全生产事故,是指在生产经营活动中发生的意外的突发事件的总称,通常会造成人员伤亡或财产损失,使正常的生产经营活动中断。

(三)促进经济发展。安全生产,是要在生产经营活动的过程中保证安全,不是单纯为安全而安全,不能脱离生产经营活动讲安全,保证生产安全,本身也是为了保证生产经营活动的正常进行,促进经济的健康发展,这也是制定安全生产法的立法目的之一。

三、基本内容

《中华人民共和国安全生产法》包括以下基本内容:

(一)总则

(二)生产经营单位的安全生产保障

(三)从业人员的权利和义务

(四)安全生产的监督管理

(五)生产安全事故的应急救援与调查处理

(六)法律责任

(七)附则

具体内容详见《中华人民共和国安全生产法》全文。

第三节 《中华人民共和国环境保护法》相关知识

一、适用范围

《中华人民共和国环境保护法》第三条规定了我国环境保护法的适用范围,“本法适用于中华人民共和国领域和中华人民共和国管辖的其他海域”,这里的“中华人民共和国领域”包括我国的领陆、领水及领空。“中华人民共和国管辖的其他海域”是指我国管辖的领海以外的,依国际法仍享有管辖权的海域,如大陆架、专属经济区和毗连区等。因此可以说,凡在中华人民共和国主权管辖的区域和依照国际法应由中华人民共和国管辖的大陆架、专属经济区、毗连区等海域内从事对环境有影响的活动的单位和个人,均应遵守《中华人民共和国环境保护法》的规定。另外,作为我国环境保护法体系重要组成部分的《中华人民共和国海洋环境保护法》第二条第3款还规定:“在中华人民共和国管辖海域以外,排放有害物质,倾倒废弃物,造成中华人民共和国管辖海域污染损害的,也适用于本法。”这里规定的适用范围,要比《中华人民共和国环境保护法》规定的适用范围更大。

二、立法的目的

《中华人民共和国环境保护法》第一条规定:“为保护和改善生活环境与生态环境,防治污染和其他公害，保障人体健康，促进社会主义现代化建设的发展，制定本法。”此条包含了以下三个方面的内容：第一方面，保护和改善生态环境，防治污染和其他公害，这一点是基础的直接的目的，这也是环境法的基本的任务，因而是不言而喻的。第二方面，保障人体健康，这是环境法的根本任务，是最终目标之一，强调人的利益。第三方面，促进社会主义现代化建设的发展，即保障经济社会的发展，这也是环境法的最终目标之一。

保护和改善生活环境与生态环境，防治污染和其他公害是环境保护法的直接目的。保障人民身体健康是环境保护法的根本任务，也是环境保护立法的出发点和归宿。促进经济增长是因为环境保护与经济发展有内在的相互制约和依存的关系。这三项立法目的之间有着内在联系。首先，社会生产水平决定人们的物质生活水平，并进而决定人们对环境质量的需求；同时，随着经济的发展和社会物质的丰富，人们会在要求提高物质文化生活水平的同时，要求进一步建设清洁、安静、优美、舒适的环境。因此，把发展经济同环境保护、维护人民身体健康三者联系起来作为环境保护法的立法目的，是社会主义社会发展与经济建设的客观规律的反映。

三、基本内容

《中华人民共和国环境保护法》包括以下基本内容：

（一）总则

（二）环境监督管理

（三）保护和改善环境

（四）防治环境污染和其他公害

（五）法律责任

（六）附则

具体内容详见《中华人民共和国环境保护法》全文。

第四节　《中华人民共和国放射性污染防治法》相关知识

一、适用范围

本法适用于中华人民共和国领域和管辖的其他海域在核设施选址、建造、运行、退役和核技术、铀（钍）矿、伴生放射性矿开发利用过程中发生的放射性污染的防治活动。

二、立法的目的

为了防治放射性污染，保护环境，保障人体健康，促进核能、核技术的开发与和平利用，制定《中华人民共和国放射性污染防治法》。

防治放射性污染，保护环境，保障人体健康。我国核能与核技术的开发利用在对维护我国国防安全，促进国民经济和社会发展，增强我国的综合国力等方面起到巨大推动作用的同时，由此产生的安全问题和放射性污染防治问题，也越来越突出。主要表现在：一是，我国已有近百座核设施，有些核设施已经进入退役阶段，如果监管不严或者处置不当，其遗留的放射性物质将对环境和公众健康构成威胁；二是，我国现有放射源由于用户多而分散，有的单位管理不善等原因,近年来因放射源使用不当或者丢失放射源导致的放射性污染事故不断发生,造成严重后果。三是,在铀(钍)矿和伴生放射性矿开发利用过程中,由于对放射性污染防治重视不够,缺乏对放射性污染防治的专项管理制度,乱堆、乱放放射性废矿渣的情况时有发生,由此造成的放射性污染事故威胁着环境安全和公众健康。四是,我国已产生了不少放射性废物,虽然国家有放射性废物处置政策,但是,由于缺乏强制性的法律制度和措施,致使对放射性废物的处置监管不力,在一定程度上对环境和公众健康构成了威胁。因此,为了保证经济、社会的可持续发展,在促进核能、核技术开发利用的过程中,必须完善我国放射性污染防治的法律制度,加强对放射性污染的防治,保护环境,保障人体健康。

促进核能、核技术的开发与和平利用。当前,世界上的主要能源是煤、石油、天然气这些化石燃料,但化石燃料不是可再生能源,还要向大气排放大量的二氧化碳。为了实现可持续发展,人类迫切地需要新的替代能源。目前唯一达到工业应用、可以大规模替代化石燃料的能源,就是核能。核能在我国的能源消费结构中也已起着越来越重要的作用。

在核技术应用方面,中国同位素与辐射技术的应用在经历了 20 世纪 50 年代的开创,60、70 年代的应用开发,和 80 年代以来全面发展三个阶段后,在 90 年代进入商业化阶段,在农业、工业、医疗等方面的应用也越来越广泛。

因此,在确立立法目的时,既要考虑防治放射性污染,又必须考虑进一步促进核能、核技术开发与和平利用,切实处理好环境保护与经济建设、社会发展的关系,使防治放射性污染与促进核能、核技术开发与和平利用相协调。

三、基本内容

《中华人民共和国放射性污染防治法》包括以下基本内容:

(一)总则

(二)放射性污染防治的监督管理

(三)核设施的放射性污染防治

(四)核技术利用的放射性污染防治

(五)铀(钍)矿和伴生放射性矿开发利用的放射性污染防治

(六)放射性废物管理

(七)法律责任

(八)附则

具体内容详见《中华人民共和国放射性污染防治法》全文。

第五节 核安全法规相关知识

一、核安全相关法规的重要性

核安全相关的法律法规是政府安全监管部门依法行政的基础,是设计、建造和运行核设施的依据。法规规范了核设施营运单位、设计和建造单位,以及设备制造单位的行为准则,明确了设计标准和核安全目标,规定了核设施选址、设计、制造、土建、安装、调试、运行和定期试验及维修等的要求,这些要求纳入相关的安全许可证制度当中,对核设施的安全运行、保护工作人员和公众不会遭受过量放射性危害、保护环境等起到了重要作用。

核设施营运单位必须始终坚持“安全第一，质量第一”的方针，遵守国家的有关法律、行政法规和技术标准，自觉接受国家核安全监督部门的核安全监督和主管部门的安全管理，建立健全单位内部严格的安全管理制度和有效的管理体系，配备足够的安全管理资源，就能够保证核设施的安全运行，实现保护人员、社会和环境安全的目标，保证我国核能事业的可持续发展。

二、核安全相关法规的体系构成

我国政府十分重视核安全法规建设，1984 年国务院决定成立国家核安全局，并赋予其独立监督管理中国民用核设施安全的职责。从 1986 年 10 月国务院批准颁布《中华人民共和国民用核设施安全监督管理条例》至今，中国已发布了一系列的法律、法规和导则，使各类民用核设施的选址、设计、建造、运行和退役做到了有法可依，逐步确立了中国的核安全法规体系。已基本形成了纵向由国家法律、行政法规、部门规章、指导性文件、参考性文件等不同层次构成国家核安全法律法规体系，其中，法律由全国人民代表大会常务委员会制定并发布，具有高于行政法规和部门规章的效力；行政法规由国务院根据宪法和法律制定并公布，具有法律约束力；部门规章由国务院有关部门根据法律和国务院行政法规在本部门权限范围内制定并发布，具有法律约束力。

现有的适用于核安全领域的国家法律有《中华人民共和国宪法》《中华人民共和国环境保护法》《中华人民共和国放射性污染防治法》和《中华人民共和国环境影响评价法》等。另外，我国正在制订《原子能法》，这是调整和促进原子能事业发展的法律文件，它既规定了原子能事业发展的方针政策，又规定了核安全监督管理的要求。

现有的适用于核安全领域的行政法规有《中华人民共和国民用核设施安全监督管理条例》《中华人民共和国核材料管制条例》《核电厂核事故应急管理条例》《放射性物品运输安全管理条例》和《民用核安全设备监督管理条例》等。

核安全监管部门规章也是强制执行的法规，具有法律约束力，必须遵照执行。核安全监管部门和相关部门规章 20 多项，相关导则 70 多项，法规性技术文件、综合报告和核安全法规译文等 180 多项。

实施细则是根据管理条例规定的具体实施办法，如《核电厂安全许可证件的申请和颁发》《研究堆安全许可证件的申请和颁发》《核设施的安全监督》等。

核安全规定规定核安全目标和基本要求，由国务院批准，国家有关部门发布，如《核电厂设计安全规定》(HAF102)、《核电厂质量保证安全规定》(HAF103)。

核安全导则是说明或补充核安全规定以及推荐有关方法和程序的指导文件，如与 HAF003 配套的导则《核电厂质量保证大纲的制定》《核电厂设计中的质量保证》《核电厂物项制造中的质量保证》等。实际工作中可采用不同的导则规定的方法，但必须证明所用的方法至少与导则有相同的安全水平，不会对工作人员和公众增加风险。

核安全技术文件和技术报告，如《质量保证分级手册》(HAF. J0045)、《核设备抗震鉴定试验指南》(HAF. J0053)、《核设施退役的方法和技术》(HAF. J0063)、导则中引用的规范标准等。

我国的核安全法律法规体系除了纵向的法律法规直至技术文件的各层次文件，横向由通用系列、核动力系列、研究堆系列、核燃料循环设施系列、放射性废物管理系列、核材料管制系列、民用核安全设备系列、放射性物质运输系列、核技术应用系列等多系列组成的核与辐射安全法规体系。

这一法规体系基本上与国际原子能机构及许多相关国家的核安全法规体系接轨,基本满足当前核安全和辐射安全监管的需要。

核安全部门编制的部门规章主要分实施细则和核安全规定。实施细则根据核安全管理条例规定具体实施办法,核安全规定规定核安全目标和基本安全要求。

核安全法规各系列的编排分别为:

HAF0××——通用系列

HAF1××——核动力系列

HAF2××——研究堆系列

HAF3××——核燃料循环设施系列

HAF4××——放射性废物管理系列

HAF5××——核材料管制系列

HAF6××——民用核承压设备监督管理系列

HAF7××——放射性物质运输管理系列

如《中华人民共和国民用核设施安全监督管理条例》(HAF001)、《核电厂核事故应急管理条例》(HAF002)、《民用核燃料循环设施安全规定》(HAF301)、《放射性废物管理安全监督规定》(HAF401)、《中华人民共和国核材料管制条例》(HAF501)等都是行政法规或部门规章。

如《民用核燃料循环设施营运单位的应急计划》(HAD002/07)、《铀燃料加工设施安全分析报告的标准格式与内容》(HAD301/01)、《放射性废物焚烧设施的设计与运行》(HAD401/03)、《核设施实物保护》(HAD501/02)等都是核安全导则。